KB242313

한국 야생난
한살이백과

한국 야생난 한살이백과

초판인쇄 | 2014년 11월 03일
초판발행 | 2014년 11월 10일

지 은 이 | 정연옥 · 이철희 · 양태철 · 마용주
펴 낸 이 | 고명흠
펴 낸 곳 | 푸른행복

출판등록 | 2010년 1월 22일 제312-2010-000007호
주 소 | 서울 서대문구 세검정로 1길 93(홍은1동 455번지)
벽산아파트상가B/D 304호
전 화 | (02)3216-8401~3 / FAX (02) 3216-8404
E-MAIL | munyei21@hanmail.net
홈페이지 | www.munyei.com

I S B N 979-11-5637-012-3 (13480)

※ 이 도서의 국립중앙도서관 출판예정도서목록(CIP)은 서지정보유통지원시스템 홈페이지(http://seoji.nl.go.kr)와 국가자료공동목록시스템(http://www.nl.go.kr/kolisnet)에서 이용하실 수 있습니다.(CIP제어번호: CIP2014029626)

한국 야생난 한살이백과

정연옥 · 이철희 · 양태철 · 마용주 共著

푸른행복

머리말

preface

난과 식물은 식물 가운데 가장 화려한 꽃을 피우는 것으로 유명하다. 매화, 난초, 국화, 대나무의 사군자에 포함될 정도로 예전부터 많은 사랑을 받아온 품종이다.

난이 사군자에 포함된 것에는 많은 이야기가 있으나 그중 한 가지 이야기를 들어보면 다음과 같다. 난초가 홀로 있을 때는 그 향이 매우 진하게 풍겨오지만 다른 식물들과 같이 두게 되면 향이 약해지며, 같이 있는 품종들과 유사한 향을 나타낸다고 한다. 이러한 성질이, 선비들이 혼자 있을 때는 자신의 소신을 굽히지 않고 정확히 말을 하지만 여럿이 있을 때는 대중의 뜻을 같이 존중하는 것과 비슷하다고 하여 사군자에 포함되었다고 한다.

1960~1970년대에는 주변에 있는 난을 모아 일본에 수출하는 일도 있었다. 국내에서 자생하는 난 가운데 보춘화(예전에는 이를 춘란이라 불렀음)가 해안가를 중심으로 잎의 변이가 많이 일어났고, 이를 알고 있는 일본인들이 국내의 소개업체를 통해 무분별하게 채취된 것을 수입하여 변이체들은 따로 분류하여 고가에 판매하곤 하였다.

하지만 1980년대부터는 국내에도 난 동호회가 활성화되면서 전국의 산을 돌며 변이를 일으키는 보춘화를 중심으로 채집이 이루어졌다. 이런 연유로 더욱 많은 변이체가 발견되기도 했지만 많은 자원들이 고갈되는 현상이 벌어진 것 또한 사실이다.

예를 들어 제주도 한라산에서만 자생하는 '한란'이라는 품종은 지금은 거의 멸종되어 없어지고 모처에서 그 명맥만 유지하고 있는 실정이다. 그런데 최근에는 한란의 향에 대한 연구가 활발히 이루어지면서 한란의 향을 담은 화장품까지 출시되고 있다. 이렇게 귀중한 식물자원이 없어지는 것은 무척이나 안타까운 일이다. 그래서 아직은 생소한 것 같지만 난의 자원화를 위하여 우리나라에 자생하고 있는 야생 난초에 관심을 가지게 된 것이다.

난은 전 세계에서 많은 종들이 육종되고 있으며, 원예용으로 판매되고 있다. 그중에서도 보춘화와 같은 계열인 심비디움 계열이 주종을 이루고 있으며, 착생란으로는 석곡과 유사한 덴드로비움 계열도 많이 판매되고 있다.

이렇듯 외국에서는 많은 종을 육종하고 이를 상업화하는 데 성공하고 있다. 또 뛰어난 육종 기술을 이용하여 다양한 화색을 지닌 종을 만들어내고 있다. 이렇게 다양한 화색과 잎의 모양을 변형하여 단순한 녹색이 아닌 흰 줄이 들어가게 하는 이른바 복륜의 형태들도 많이 판매되고 있는 것은 매우 고무적인 것임에는 분명하다. 하지만 우리나라의 현실은 녹록지 않은 편이며, 최근에는 국내 육종도 많이 이루어지고는 있으나 아직은 역부족인 것 같다.

이 책에서는 우리 산야에 피어난 자연 그대로의 난초 81종을 소개하면서, 독자들의 이해를 돕기 위해 유사한 꽃들을 '류'로 분류하였고 나머지는 '속'으로 크게 분류하였다. 먼저 '류'는 유사한 꽃을 피우는 품종으로 일반인들이 혼동하기 쉬운 것들을 속이 다르더라도 함께 묶어 소개하였으며, 다음으로 형태적인 특성이 너무 달라 '류'로 분류하기 어려운 것들은 '속'으로 분류하였다. 현재 품종에서 약 10여 종을 추가하면 우리나라에 있는 모든 종의 야생 난초를 담을 수 있을 것으로 생각되며, 따라서 모든 난초를 정리할 수 있는 날도 머지않은 것으로 생각된다.

야생 난초는 봄에도 꽃을 피우는 종들이 있긴 하지만 대부분 초여름에서 초가을까지 모두 피기 때문에 장소의 선택도 잘 해야 많은 품종을 볼 수 있는 점도 있다. 한 곳을 여러 번 찾아가는 수고를 해야 환하게 핀 꽃을 볼 수 있으며, 이는 난을 관찰하는 기쁨이자 동시에 어려움이기도 하다. 우리나라에 분명 자생하고 있었다는 보고는 있었으나 현재는 볼 수 없는 품종들을 백두산에서 찾아 사진을 찍은 일도 있다.

한편 사진이 꼭 필요한 품종이었지만 도저히 찾을 수 없는 품종들은 야생화 동호회인 인디카에서 활동하시는 이재능(아이디카), 이한권(곰솔), 박명숙(풀사랑)님께서 각각 사진을 제공해주셨고 우리나라에서 발견되어 자생하고 있는 품종인 큰해오라비난초는 양형호(아치아빠)님께서 제공해주셔서 좋은 도감을 만들게 되었다.

끝으로, 공동 저자로서 생소한 야생 난초 자료들을 함께 의논하고 꼼꼼하게 챙겨주신 이철희 교수님, 양태철 박사님, 마용주 부면장님께 깊은 감사를 드린다.

맑은 가을 하늘 아래 가장 행복한 곳에서

저자 대표 정연옥

차례

contents

머리말 / 4

PART 1 '류'에 따른 분류

1. 제비란류

01 갈매기난초 16

02 개제비난 20

03 고산제비란 22

04 구름제비란 24

05 나도잠자리란 27

06 나도제비란 30

07 산제비란 35

08 제비난초 40

09 주름제비란 42

10 큰제비란 45

11 포태제비난 48

12 흰제비란 50

2. 잠자리난초류

01 개잠자리난초 56

02 넓은잎잠자리란 60

03 잠자리난초 64

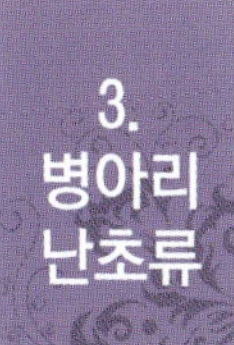

3. 병아리 난초류

구름병아리난초 71

병아리난초/병아리난초(흰색) 75

4. 새우 난초류

금새우난초 84

새우난초 88

여름새우난초 94

한라새우난초 99

5. 닭의 난초류

갯청닭의난초 103

닭의난초 105

임계청닭의난초 110

청닭의난초 112

6. 방울새 란류

방울새란 120

큰방울새란 124

흰큰방울새란 128

7. 감자 난초류

감자난초 132

한라감자난초 137

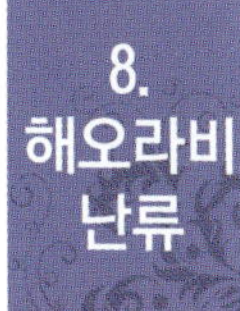

8. 해오라비 난류

해오라비난초 141

큰해오라비난초 146

9. 복주머니 란류

광릉요강꽃 155

복주머니란 160

털복주머니란 169

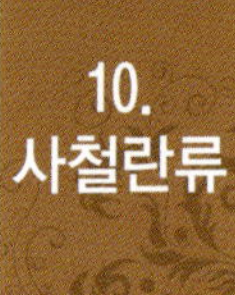

10. 사철란류

사철란 176

섬사철란 182

애기사철란 186

털사철란 188

붉은사철란 192

한국사철란 196

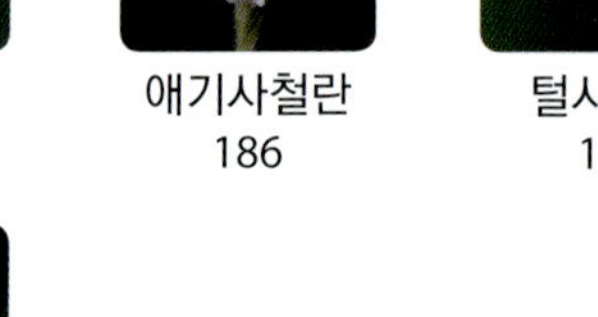

11. 색을 나타 내는 난류

은난초 204

은대난초 208

꼬마은난초 212

김의난초 216

금난초 219

자란 224

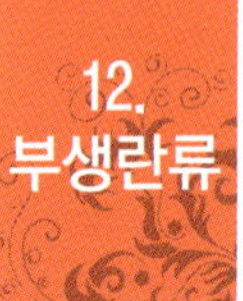

12. 부생란류

대흥란 234

산호란 238

애기무엽란 240

애기천마 242

05 으름난초 244

06 한라새둥지란 249

07 홍산무엽란 253

08 천마/파란천마 256

09 무엽란 261

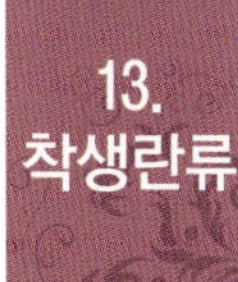
13. 착생란류

01 나도풍란 268

02 금자란/민금자란 271

03 석곡 275

04 지네발란 278

05 차걸이란 283

06 콩짜개란 286

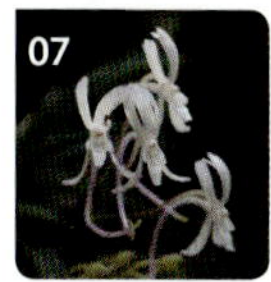
07 풍란 290

08 혹난초 294

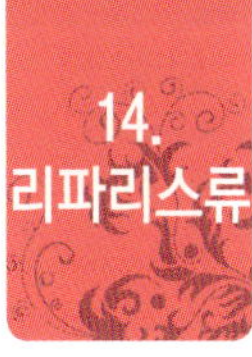
14. 리파리스류

01 나나벌이난초 302

02 나리난초 306

03 옥잠난초 310

04 큰꽃옥잠난초 314

05 키다리난초 318

06 흑난초 320

PART 2 '속'에 따른 분류

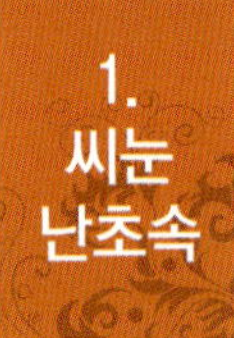
1. 씨눈난초속

01 나도씨눈란 328

02 씨눈난초 332

2. 백운란속

01 백운란 335

3. 보춘화속

01 보춘화 342

4. 비비추난초속

01 비비추난초 346

5. 손바닥난초속

01 손바닥난초/손바닥난초(흰색) 352

6. 쌍잎난초속

01 쌍잎난초 357

7. 약난초속

01 약난초 360

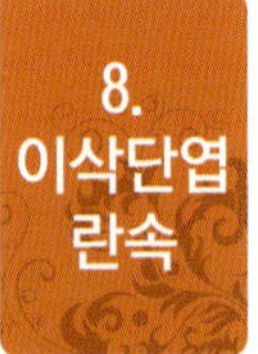
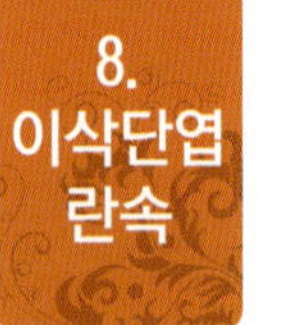
8. 이삭단엽란속

01 이삭단엽란 365

9. 타래난초속

01 타래난초/흰타래난초 372

10. 풍선난초속

01 애기풍선난초 378

Part 1
'류'에 따른 분류

1. 제비란류

갈매기난초 · 개제비난 · 고산제비란 · 구름제비란 · 나도잠자리란 · 나도제비란 · 산제비란 · 제비난초 · 주름제비란 · 큰제비란 · 포태제비난 · 흰제비란

제비란의 종류

제비란류는 포태제비난, 주름제비란, 산제비란, 제비란, 개제비난, 고산제비란, 나도제비란, 흰제비란, 갈매기난초, 나도잠자리란 등이 국내에 자생하고 있다.

제비란류는 일부 품종을 제외하고는 어느 곳에서나 쉽게 볼 수 있는 품종이며, 낮은 지역에서 고산지대에 이르기까지 널리 분포하고 있다.

산제비란은 일반적으로 가장 많이 볼 수 있는 품종으로 낮은 지역의 습기가 조금 있거나 마른땅 주변의 양지쪽에서 많이 볼 수 있고, 고산제비란, 포태제비난, 개제비난은 고지가 높은 고산지역의 습기가 많고 공중습도가 풍부한 곳에서 자란다. 종류에 따라 생육환경 및 생태환경도 다르게 나타난다.

제비란은 꿀샘(거, 距)의 모양이 위로 올라가는 모양이어서 쉽게 구분이 가능하다. 그래서 예년에는 "하늘산 제비란"이라 부르기로 하였다. 또한, 갈매기난초는 자생지가 제주도와 일부 지역에 국한되어 있었으나 최근에는 충청지역 해안에서도 새로운 자생지를 확인할 수 있었고, 흰제비란은 다른 제비란류과 달리 습기가 많은 곳이나, 땅은 건조하지만 공중습도가 높은 곳에서도 일부 개체가 자생하는 등 여러 곳에서 자생하고 있었다.

나도제비란은 꽃 색이 다양해서, 붉은색이 강한 것부터 연한 붉은색을 가진 꽃 등 화색이 다양하게 나타나고, 드물게 흰색의 개체가 발견되고 있기도 하다. 일부 지역에서는 모습이 오리를 닮았다고 하여 오리난초라고도 부른다.

포태제비난은 우리나라에 자생하는 품종이기는 하나 자생지가 백두산이어서 쉽게 볼 수 있는 품종은 아니며 이와 유사한 개제비난은 고산지대에서 자생하므로 관찰이 가능한 품종이다. 이 두 품종은 형태가 거의 유사한데, 개제비난은 입술꽃잎이 3갈래로 갈라지고 가운데 갈래가 가장 작으며 포태제비난은 전체적으로 갈래의 크기가 서로 비슷하여 이로써 구별한다.

특정 지역에서 자생하는 주름제비란은 외국에서도 원예종으로 유사한 품종들이 많이 육종되어 판매되고 있으며, 자생지인 울릉도에서의 생육환경도 해마다 변하고 있어 이에 대한 면밀한 조사와 더불어 복원에도 많은 관심을 가져야 할 것으로 생각된다.

잎 구분

1장

▲ 갈매기난초

▲ 개제비난

▲ 고산제비란

▲ 나도잠자리란

▲ 나도제비란

▲ 흰제비란

꽃 구분

▲ 갈매기난초

▲ 개제비난

▲ 고산제비란

▲ 구름제비란

▲ 나도잠자리란

▲ 나도제비란

▲ 나도제비란-흰색

▲ 산제비란

1장

▲ 제비난초

▲ 주름제비란

▲ 포태제비난

▲ 흰제비란

01 갈매기난초

Platanthera japonica (Thunb. ex Murray) Lindl.

- 이 명 : 제비란
- 개화기 : 5~6월

생육 특성

갈매기난초는 전라남도와 제주도 및 강원도 평창 일대에서 자라는 다년생 초본이다. 생육환경은 습도가 많은 반그늘의 유기질이 풍부한 곳에서 자란다. 키는 40~60㎝이고, 잎은 긴 타원형이며 길이는 12~20㎝, 폭은 4~7㎝로 끝은 뾰족하다. 뿌리는 다소 굵고 옆으로 퍼지며 가장 큰 뿌리에서 새싹이 돋는다. 꽃은 흰색으로 피며 꽃줄기는 10~20㎝로 많은 꽃이 달린다. 입술모양꽃부리는 넓은 선형이며 길이는 1.3~1.5㎝로 끝이 둔하고 꿀샘은 밑으로 처지며 길이가 3~4㎝이다. 열매는 7~8월경에 긴 타원형으로 달리고 안에는 많은 종자가 들어 있다.

이 품종은 멸종위기종으로 분류되어 자생지가 철저히 보호되고 있다. 근래 들어 자생지를 가보면 꽃이 피어 있는 곳은 어김없이 사람들의 손이 닿아 파헤쳐진 모습을 볼 수 있다. 구근으로 되어 있는 식물의 경우는 옮겨 심으면 1~2년이 지나지 않아 죽고 만다. 따라서 이런 종은 꽃이 아름다워도 그대로 두고 여러 사람이 감상할 수 있도록 해야 한다. 또한 최근에는 각 국가에 자생하는 식물을 두고 자원 전쟁이 일어나고 있는 만큼 더욱 더 아끼는 마음이 있어야 할 것이다.

▲ 갈매기난초_ 새순 올라오는 모습

▲ 입술모양꽃부리를 한 갈매기난초(원 안은 꽃봉오리)

관리 및 번식법

| **관리법** | 재배하기 까다로운 품종으로 재배법이 알려져 있지 않다. 자생지 조건과 유사하게 해서 키우려면 바람이 잘 통하는 곳에 유기질 함량을 높게 하고 물 빠짐이 좋은 경사지에 심는다. 화분에 심을 경우는 일반 상토를 사용하기보다는 유기질이 풍부한 흙에, 화분 아래쪽에 굵은 돌을 넣어 물 빠짐을 좋게 하여 심는다. 재배가 까다로워 재배하기 힘들기도 하지만 멸종위기종이므로 가정에서 키우는 것은 금지되어 있다. 이런 품종의 경우는 원예종으로 나오는 다른 품종을 대신 감상하는 것도 좋은 방법이다.

| **번식법** | 이른 봄 꽃이 피는 본 구근 옆에 달린 어린 벌브(bulb, 땅 속에 숨어 있는 뿌리 부분)를 이용한다. 이렇게 분주를 하는 것은 생존율이 높은 반면 해마다 1~2개 정도를 번식시키기 때문에 많은 개체를 얻을 수 없다는 단점이 있다. 하지만 7~8월경에 달리는 종자를 이용하면 일시에 많은 개체를 얻을 수 있다. 아직 정확히 번식방법이 알려져 있지는 않지만 다른 난과 식물의 번식법에 준하여 시도하면 가능할 것 같다.

▲ 갈매기난초_ 꽃

1장

02 개제비난

Coeloglossum viride var. *bracteatum* (Wild.) Rich.

- 이 명 : 몽울난초, 큰용울란, 큰몽울란, 몽울란초
- 개화기 : 5~7월

생육 특성

개제비난은 우리나라 함경도 북부의 관모봉과 한라산의 약 1,500m 고지 지점에서 나는 다년생 초본이다. 생육환경은 해발이 높은 곳의 부엽질이 풍부하고 상대습도가 높으며 반 그늘진 곳에서 자란다. 키는 10~30㎝이고, 잎은 길이가 4~10㎝, 폭은 1.5~4㎝의 긴 타원형으로 2~8개가 어긋나고 위로 올라갈수록 끝이 뾰족해진다. 줄기는 곧고 털이 없다. 뿌리는 일부가 굵어지고 갈라진다. 꽃은 꽃대가 길이 4~12㎝로 연녹색 바탕에 갈색이 돌며 달리고, 얇은 막은 꽃보다 길고, 꽃잎은 꽃받침보다 짧으며 한 개의 맥이 있다. 꽃받침잎의 길이는 약 0.6㎝ 정도이고 좁은 달걀형이며 끝이 둔하고 5~7개의 맥이 있으며, 꽃잎은 부채 모양을 하고 있으며 뾰족하고 꽃받침보다 짧다. 꽃부리의 끝부분은 3갈래로 갈라지며 길이가 약 0.6㎝이고 아래로 처지며 홍자색을 띤다. 꽃잎 밑부분에 있는 자루 모양의 돌기는 좁은 달걀 모양으로 길이가 약 0.3㎝ 정도이다. 열매는 8~9월경에 타원형으로 달린다.

▲ 꽃잎이 꽃받침보다 짧은 개제비난 꽃

1장

개제비난이란 이름은 1969년에 고(故) 이창복 박사에 의해 지어져 국명이 되었다.

관리 및 번식법

| **관리법** | 일반적인 관리로는 키우기가 매우 어렵다. 고산지역에서 자라 더욱 어려운 점도 있지만 가장 관리가 어려운 것은 주변습도와 빛이다. 온도와 습도, 빛에 민감하게 반응하는 식물이 난인데 이 품종은 이 세 가지 조건을 모두 갖춰야 하는 민감한 품종이다.

03 고산제비란

Platanthera chorisiana (Chamisso) Reichenbach fil.

■ 개화기 : 7~8월

생육 특성

고산제비란은 백두산 인근에서 나는 다년생 초본이다. 생육환경은 고산지역의 햇볕이 많이 들어오는 곳이나 반 그늘진 곳의 공중습도가 높은 곳에서 자란다. 키는 4~20㎝이고, 잎은 길이 2~9㎝, 폭 0.9~5㎝로 끝이 둥글거나 가운데가 뾰족하게 튀어나온 넓은 타원형으로 줄기 아래 2개가 있다. 줄기는 녹색으로 곧추서며 뿌리는 굵다. 꽃은 길고 가느다란 꽃차례 축에 작은꽃자루가 없는 꽃이 조밀하게 담황녹색으로 길이 2~10㎝로 달린다. 꽃받침은 길이 약 0.2㎝, 폭 0.1㎝로 타원형이다. 곁꽃잎은 길이 약 0.2㎝, 폭 약 0.2㎝이며 입술꽃잎은 길이 약 0.2㎝, 폭 약 0.2㎝로 타원형 또는 달걀형이다. 아래로 돌출된 부분은 다소 안으로 굽으며 길이는 약 0.1㎝ 내외이다. 열매는 9~10월경에 달린다.

▲ 고산제비란_ 꽃

이 품종은 아직까지 남한에서는 자생한다는 보고가 없으며 백두산 인근과 남아메리카, 러시아 등지에 분포한다.

04 구름제비란

Platanthera ophrydioides F. Schmidt

- 이 명 : 구름제비꽃, 구름제비난
- 개화기 : 7~8월

생육 특성

구름제비란은 우리나라 북부지방의 산지에서 나는 다년생 초본이다. 생육환경은 부엽질이 풍부한 산지의 햇볕이 조금 들거나 반그늘진 곳의 상대습도가 높고 물 빠짐이 좋은 곳에서 자란다. 키는 20~40㎝이고, 잎은 길이가 3~6㎝, 폭은 2~4㎝로 긴 타원형이고 잎은 한 개만 크고 옆으로 퍼지며 어긋난다. 줄기는 곧추서고 원기둥 끝에 양끝이 뾰족한 모양을 한 뿌리가 있다. 꽃은 꽃차례 길이가 3~10㎝로 드문드문 연한 녹색으로 된 꽃이 달리고, 엷은 막은 뾰족하며 길이는 0.5~1.5㎝로 아래의 것은 꽃보다도 길다. 입술 모양의 꽃부리는 길이가 약 0.7㎝ 정도이고 꿀샘은 길이가 0.6~1㎝ 정도이며 끝이 뾰족하다. 중앙부의 꽃받침조각은 길이가 약 0.5㎝ 정도로 달걀 모양이고 3맥이 있으며, 옆에 찢어진 조각은 길이가 약 0.6㎝로 젖혀지며 부채꼴 모양이고 끝이 둔하다.

▲ 구름제비란_ 잎

▲ 구름제비란_ 꽃

▲ 구름제비란_ 전초

▲ 구름제비란_ 무리

05 나도잠자리란

Tulotis ussuriensis(Regel & Maack) Hara

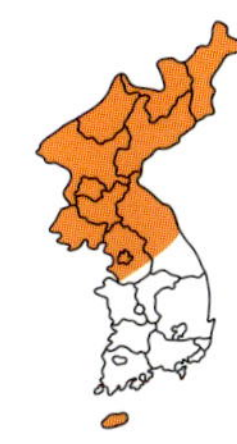

- 이 명 : 색기잠자리난초, 나도제비난, 제비잠자리란
- 개화기 : 5~6월

1장

생육 특성

나도잠자리란은 우리나라 제주, 강원, 경기 이북에서 자라는 다년생 초본이다. 생육환경은 그늘지고 습하며 물 빠짐이 좋고 오후에 햇빛이 잘 드는 약간 경사진 곳에서 자란다. 키는 15~35㎝이고 잎은 길이가 약 5~15㎝, 폭은 1~3㎝이며 좁고 긴 타원형으로 어긋난다. 줄기처럼 잎이 올라오다 2갈래로 갈라지며 밑은 좁아지고 끝은 둥글거나 혹은 뾰족하다. 잎 가운데 아래 부분은 골이 깊으며 윗부분으로 올라가면서 편평해진다. 줄기는 둥글지 않고 6개의 각이 있으며 각으로 된 부분은 다른 줄기보다 진한 녹색을 띤다. 뿌리는 길게 뻗어 나가고 약간 굵어지는 부분 중 1개에서 눈이 생긴다. 꽃은 줄기를 따라 올라가며 연한 녹색으로 달리고 꽃줄기의 길이는 3~10㎝이다. 꽃을 싸고 있는 포는 꽃 길이와 비슷하며 꽃보다 위로 치켜 올라가 있고 좁은 피침형으로 끝이 뾰족하다. 가운데 꽃받침조각은 길이가 약 0.2㎝로 끝이 둔한 달걀 모양이고, 옆으로 뻗어 나온 조각도 끝이 둔하고 길이는 약 0.3㎝로 긴 타원형이다. 꿀샘은 길이가 0.3~0.6㎝이다. 열매는 6~7월경에 맺으며 길이는 약 1㎝, 폭은 약 0.4㎝ 정도로 타원형이다.

▲ 나도잠자리란_ 줄기와 잎

▲ 나도잠자리란_ 전초(작은 사진은 꽃_ 확대)

1장

06 나도제비란/나도제비란(흰색)

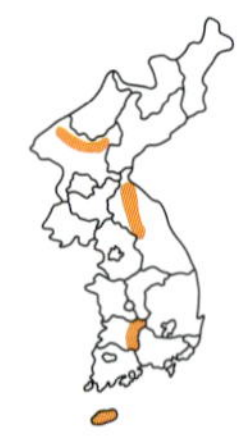

Orchis cyclochila sp. (Franch. & Sav.) Soo

- 이 명 : 차일봉무엽란, 방울난초, 큰홀잎난초
- 개화기 : 5~6월

생육 특성

나도제비란은 지리산과 제주도 한라산, 함경도의 높은 산에서 자라는 다년생 초본이다. 생육환경은 고산지역의 습도가 높고 부엽질이 풍부하며 이끼가 많은 숲 속에서 자란다. 키는 7~17㎝ 정도이고, 잎은 길이 4~7㎝, 폭 2.5~5㎝로 알뿌리에서 1장이 나오고, 넓은 타원형이다. 줄기는 각이 지고 털이 없으며 뿌리는 다소 굵다. 꽃은 연한 홍색으로 보통 줄기 끝에 2개씩 달리며 꽃을 감싸고 있는 막은 길이가 1~2.5㎝로 좁고 긴 달걀형이다. 꽃받침조각은 길이가 0.8~1㎝로 넓고 뾰족하며 끝이 약간 둔하고 위의 것은 위로 곧추선다. 입술모양꽃부리는 중앙 윗부분의 양쪽이 들어가고 약하게 3개로 갈라지며 넓은 달걀 모양으로 길이는 약 1㎝ 정도이다. 꽃잎 밑부분에 있는 자루 모양의 돌기는 길이가 0.7~1㎝이고 끝이 가늘고 뒤로 젖혀진다. 열매는 7~8월경에 달리고 길이는 1~1.5㎝, 폭은 약 0.5㎝로 타원형이다.

▲ 나도제비란_ 잎과 꽃봉오리 올라오는 모습

▲ 나도제비란_ 줄기

▲ 나도제비란_ 연한 붉은색 꽃

▲ 나도제비란_ 꽃봉오리

▲ 나도제비란_ 꽃

▲ 나도제비란(흰색)_ 꽃

▲ 나도제비란_ 전초(원 안은 꽃_ 확대)

1장

관리 및 번식법

| **관리법** | 가을에 구근을 잘라 나누거나, 7~8월경에 익은 종자를 습기가 많은 조건을 만들어주어 바로 파종한다.

| **번식법** | 일반 난보다 관리하는 것이 힘들다. 높은 고원에 사는 식물이고 습도가 높은 곳을 좋아하기 때문에 그 조건을 맞추어주기는 힘들기 때문이다.

▲ 나도제비란(흰색)_ 전초

07 산제비란

Platanthera mandarinorum var. *brachycentron* (Franch. & Sav.) Koidz. ex Ohwi

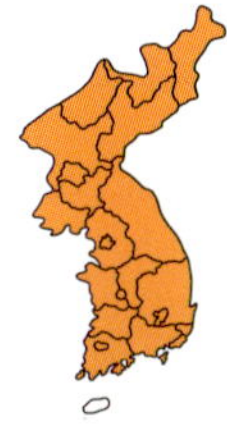

- 이 명 : 산제비난초, 짧은산제비난, 산제비난
- 개화기 : 6~8월

생육 특성

산제비란은 우리나라 각처의 산지에서 나는 다년생 초본이다. 생육환경은 물 빠짐이 좋고 토양 유기질 함량이 높으며 습도가 높은 곳에서 자란다. 키는 20~40㎝이고, 잎은 길이는 6~12㎝, 폭은 1~2.5㎝로 긴 타원형이고 2장이 붙어 있는 것이 대부분이지만 1~3장이 있는 것도 있으며, 밑에 있는 잎은 줄기를 감싸고 어긋난다. 줄기는 곧게 서고 어느 정도 모가 지고 뿌리는 통통하며 괴근성이다. 꽃은 한 개의 긴 꽃대 둘레에 10개 내외의 연한 녹색으로 된 꽃이 이삭 모양으로 달리는데, 길이 5~12㎝로 줄기에 붙어 있다. 중앙부의 꽃받침은 길이 약 0.5㎝로 넓은 달걀형이고, 꽃잎은 끝이 갑자기 좁아지면서 길어지고 돌아오는 인편은 넓은 부채꼴형으로 길이는 1.1~1.5㎝이고, 꽃잎 밑부분에 있는 자루 모양의 돌기는 끝이 둔하고 뒤로 길게 굽으며 길이는 2~3㎝이다. 열매는 9~10월경에 달린다.

▲ 산제비란_ 잎

▲ 산제비란_ 줄기

▲ 산제비란_ 꽃

▲ 산제비란_ 시드는 모습

1장

관리 및 번식법

| **관리법** | 개활지의 경사진 곳에 햇볕이 잘 들어오는 곳을 선정해 심는다. 이끼나 부엽질이 많아 주변의 습도 증발이 최대한 억제되는 곳이 좋다. 화분에 심을 때는 물 빠짐이 좋은 마사토에 퇴비를 조금 넣고 물은 2~3일 간격으로 주면 된다.

| **번식법** | 상토에 이끼나 수태(이끼를 말린 것)를 올려놓고 10월경에 받은 종자를 그 위에 뿌린 후 구멍이 좁은 분무기를 이용하여 물을 준다. 이른 봄에도 동일한 방법으로 하며 파종상에 종자를 뿌린 다음에는 신문이나 비닐로 덮고 15일 정도 지난 후 제거한다. 덩이줄기는 이른 봄이나 가을에 분리하여 심어도 좋다.

▲ 산제비란_ 무리

▲ 산제비란_ 전초

1장

08 제비난초

Platanthera freynii Kränzlin

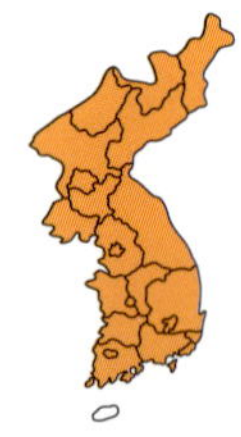

- 이　명 : 향난초, 제비난, 쌍두제비란
- 개화기 : 6~8월

생육 특성 제비난초는 전국 각처의 산지에서 나는 다년생 초본이다. 생육환경은 부엽질이 풍부하고 빛이 잘 들어오는 곳이나 반 그늘진 곳의 공중습도가 그리 높지 않은 곳에서 자란다. 키는 20~50㎝이고, 잎은 마주나고 길이가 8~15㎝, 폭이 3~5㎝로 끝이 둔하고 밑부분이 좁아지는 타원형이며 엽초 모양으로 줄기를 감싸고 있다. 뿌리는 일부분이 양 끝이 뾰족한 원기둥꼴의 모양을 하며 커진다. 꽃은 길이 8~16㎝의 꽃대 끝에 흰색으로 많이 달리며, 얇은 막은 꽃보다 짧으며 뾰족하다. 꽃받침조각은 가운데 있는 것은 길이 약 0.6㎝로 달걀 모양이고 옆의 것은 길이 약 0.8㎝로 넓고 뾰족하며 끝이 둔하다. 입술모양꽃부리는 넓은 부채꼴 모양으로 길이는 1~1.3㎝로 끝이 둔하고 꿀샘은 길이가 2~2.7㎝이다.

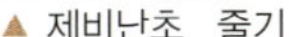

▲ 제비난초_ 줄기

▲ 제비난초_ 꽃

09 주름제비란

Gymnadenia camtschatica (Cham.) Miyabe & Kudo

- 이　명 : 주름제비난, 노랑난초
- 개화기 : 5~7월

생육 특성

주름제비란은 울릉도, 태백산 및 북부지방에서 나는 다년생 초본이다. 생육환경은 햇볕이 잘 들어오고 토양이 거름지며 유기질 함량이 풍부한 물 빠짐이 좋은 곳에서 자란다. 키는 30~60㎝이고, 잎은 줄기를 타고 올라가며 4~5개가 달리고 어긋난다. 잎 길이는 4~15㎝, 폭은 3~8㎝로 긴 타원형이며 가장자리에 울퉁불퉁하게 주름이 많이 진다. 줄기는 굵고 곧게 서며, 뿌리는 일부분이 굵어지고 수염뿌리가 있다. 꽃은 연한 홍색으로 길이 5~15㎝의 줄기나 가지에 아래에서부터 위로 올라가며 촘촘하게 많이 달리고, 덮고 있는 얇은 막은 녹색이고 뾰족하며 꽃보다 길다. 꽃받침조각은 길이가 약 0.5㎝ 정도이고 좁은 달걀 모양으로 3맥이 있으며, 꽃잎은 비스듬한 달걀 형태로 꽃받침보다 짧다. 꽃부리의 끝부분은 길이가 약 0.6㎝ 정도로 3개로 얕게 갈라지고 곁갈래는 가운데 갈래보다 길며, 길고 가늘게 뒤쪽으로 뻗어난 꿀샘은 굽고 길이는 약 0.4㎝로서 끝이 둔하다. 열매는 8~9월경에 길이 1~2㎝로 타원형으로 달린다.

▲ 주름제비란_ 꽃

▲ 주름제비란_ 무리

10 큰제비란

Platanthera sachalinensis F. Schmidt

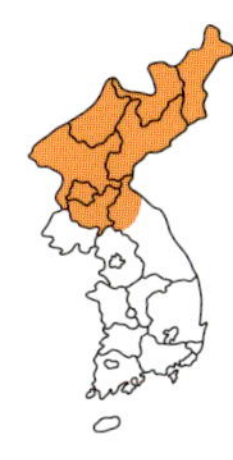

- 이 명 : 큰제비난
- 개화기 : 6~8월

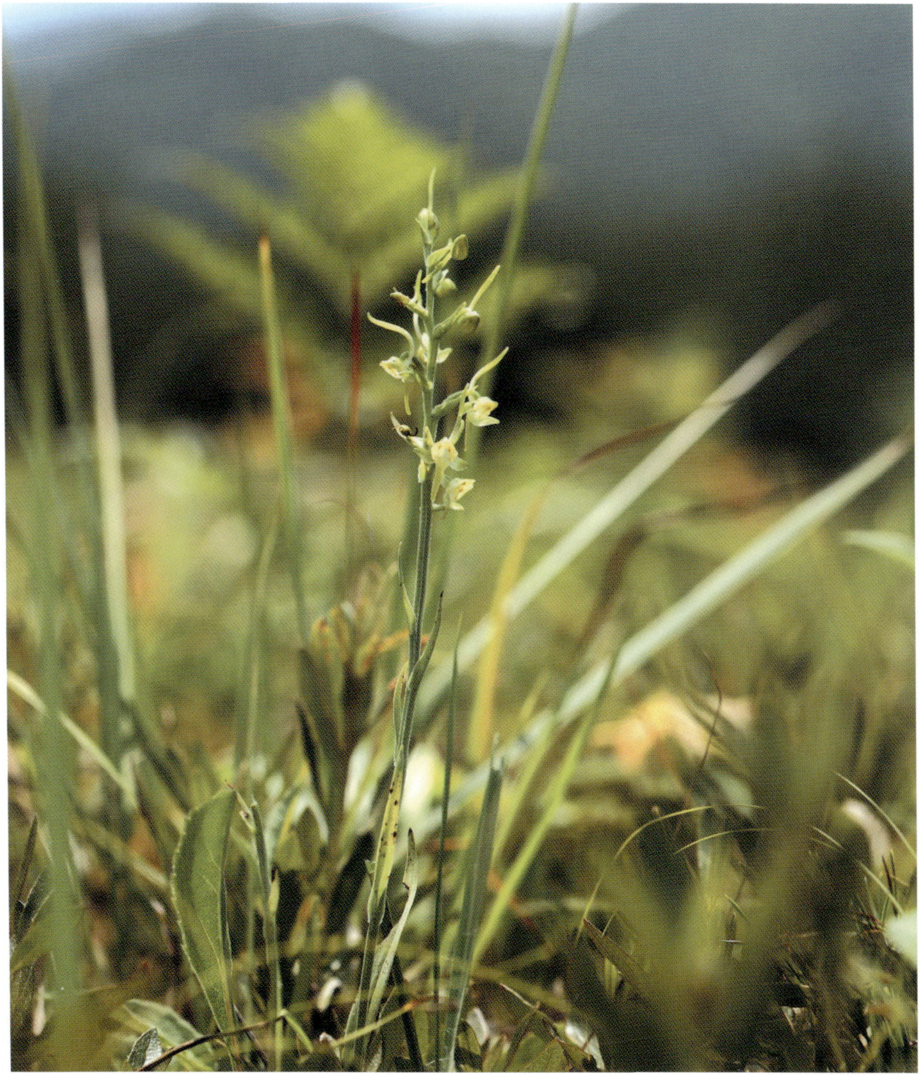

▲ 큰제비란_ 잎

▲ 큰제비란_ 줄기

▲ 큰제비란_ 꽃

생육 특성

큰제비란은 경북 주왕산을 남한계로 태백산맥을 따라 북부지방의 숲 속에 나는 다년생 초본이다. 생육환경은 산 정상의 물 빠짐이 좋고 햇볕을 많이 받거나 반그늘인 곳에서 자란다. 키는 40~60㎝이고, 잎은 긴 타원형으로 표면은 광택이 나고 끝이 둔하며 길이는 10~20㎝, 폭은 4~7㎝로 줄기를 감싸고, 줄기를 따라 작은 잎 2~4장이 어긋난다. 줄기는 각이 조금 있고 날개가 없으며, 뿌리는 굵은 편이다. 꽃은 길이 8~20㎝로 백록색으로 줄기 윗부분으로 올라가며 달리고 중앙의 꽃받침은 달걀형이다. 꽃잎은 약 0.3㎝로 끝이 둔하고 육질이고 입술모양꽃부리는 약 0.6㎝로 넓은 부채꼴 모양이다. 꽃잎 밑부분의 자루는 가늘고 길게 밑으로 처지고 휘어 있으며 길이는 1.5~2㎝이다.

관리 및 번식법

| **관리법** | 고산지역에서 자라는 난이어서 재배하기 어려운 품종이다. 우리나라에 자생하는 난들은 대부분 따뜻한 곳에서 자라지만 몇몇 종이 고산에서 자라는데, 그중의 한 품종이다.

| **번식법** | 정확히 알려진 번식법이 없다.

11 포태제비난

Coeloglossum coreanum (Nakai) Schltr.

- 이 명 : 조선난초, 조선몽울난초
- 개화기 : 6~7월

생육 특성 포태제비난은 북부지방의 포태산과 백두산 등지의 산지에서 나는 다년생 초본이다. 생육환경은 주변습도가 매우 높은 곳의 물 빠짐이 좋은 경사지의 부엽질이 풍부하며 반그늘이 진 곳에서 자란다. 키는 약 20㎝ 정도이고, 잎은 뾰족하고 털이 없으며 줄기는 밑부분에 칼집 모양으로 생긴 잎이 달리고 그 위에 큰 잎이 3개 더 있다. 뿌리는 일부분이 굵어진다. 꽃은 긴 꽃대에 꽃줄기가 있는 여러 개의 꽃이 어긋나게 붙어 밑에서부터 달리고, 얇은 막은 꽃 길이와 비슷하거나 좀 더 길며, 꽃받침조각은 길이가 약 0.4㎝ 정도이고, 옆에 있는 찢어진 조각들은 녹색으로 비스듬한 달걀 모양이다. 꽃잎은 길이가 거의 비슷하며 부채꼴 모양이고, 입술모양꽃부리는 뒤로 젖혀지며 끝이 3개로 갈라지고 아래로 처진 것은 약간 굽으며 길이는 약 0.1㎝ 정도이다.

▲ 포태제비난_ 무리

12 흰제비란

Platanthera hologlottis Maxim.

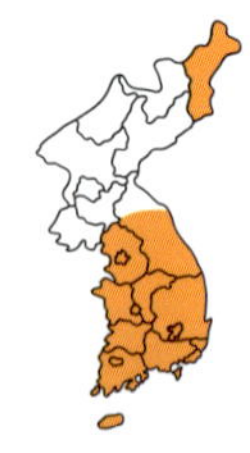

- 이 명 : 흰난초
- 개화기 : 6~7월

생육 특성

흰제비란은 우리나라 각처의 산지 습지에서 나는 다년생 초본이다. 생육환경은 햇볕이 잘 드는 산지의 유기질 함량이 높은 습지에서 자란다. 키는 50~90㎝이고, 잎은 길이가 10~20㎝, 폭이 1~2㎝로 5~12장이 부채꼴 모양으로 뾰족하게 어긋나며 원줄기는 줄기를 싸고 있다. 꽃은 긴 꽃대 둘레에 여러 개의 흰색 꽃이 길이 10~20㎝로 이삭 모양으로 달린다. 가운데 꽃받침잎은 길이 약 0.5㎝로 타원형이고 편평하며 옆의 것은 길이가 약 0.6㎝로 밑으로 처지고 굽으며 타원형이고 둔하다. 아래 꽃잎은 긴 타원형으로 길이는 약 0.7㎝이고 밑으로 처지는 꽃잎에 붙은 꿀샘은 1~1.2㎝이다. 열매는 8~9월경에 달린다.

▲ 흰제비란_ 줄기

▲ 흰제비란_ 잎

▲ 흰제비란_ 꽃봉오리

▲ 흰제비란_ 꽃

▲ 흰제비란_ 꽃(확대)

▲ 흰제비란_ 무리

1장

관리 및 번식법

| **관리법** | 화분에 관리하면 좋은 품종이다. 화분에 심을 때는 물 빠짐을 좋게 하고 바람이 잘 통하는 곳에 둔다. 화단에 심을 때는 다른 종류의 제비란과 함께 심어 제비란의 다양한 모습을 보여줄 수 있어 교육용으로 이용하면 좋다. 물은 2~3일 간격으로 준다.

| **번식법** | 9월경에 종자를 받아 바로 뿌리는 것이 좋다. 파종상에 상토를 넣고 위에 이끼나 수태를 약하게 올려놓고 종자를 뿌린 후 바람에 의해 수태나 이끼에 묻히도록 한다. 구멍이 좁은 분무기로 미세한 입자의 물을 뿌려 신문이나 비닐로 덮어 습도를 유지하고 15일 정도 지난 후 신문이나 비닐을 제거한다.

2. 잠자리난초류

개잠자리난초 · 넓은잎잠자리란 · 잠자리난초

잠자리난초의 종류

잠자리난초류는 잠자리난초, 개잠자리난초, 넓은잎잠자리란, 민잠자리난초 등이 자생하고 있다.

이 품종들을 속으로 나누면 제비난초속에 나도잠자리란, 넓은잎제비란이 있고 해오라비난초속에는 잠자리난초, 개잠자리난초, 민잠자리난초가 있다.

잠자리난초류 중 가장 많이 볼 수 있는 잠자리난초와 개잠자리난초는 생육환경과 꽃의 모양을 보고 구별할 수 있다. 이는 일반인들이 가장 쉽게 구분할 수 있는 방법이기도 하다.

개잠자리난초의 꽃은 꿀샘과 이어져 옆으로 길게 난 줄기의 끝이 가늘게 3갈래로 갈라지며 잠자리난초는 한 줄기로만 늘어지는 특징을 가지고 있다.

또한 개잠자리난초는 습기가 아주 많은 습지에서 주로 서식하고 잠자리난초는 습기가 많은 곳에서 자생하는 특징을 가지고 있지만 이런 특징만으로 이 두 품종을 구분하기는 힘들며, 형태적인 것으로 비교해야 한다.

넓은잎잠자리난초는 고산지역에서 자생하는 품종으로 잎이 넓게 올라오는 것이 특징이다. 현재 국내에는 몇몇 고산지역에서 자생지가 발견되고 있기도 하다.

잎 구분

▲ 넓은잎잠자리란

▲ 잠자리난초

꽃 구분

▲ 개잠자리난초

▲ 넓은잎잠자리란

▲ 잠자리난초

01 개잠자리난초

Habenaria cruciformis Ohwi

■ 개화기 : 8월

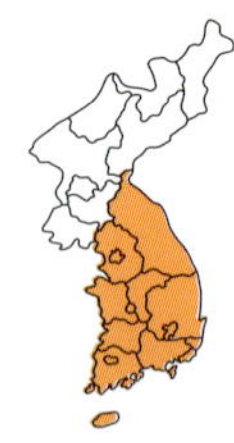

생육 특성

개잠자리난초는 중부 이남의 산지 습지에서 자라는 다년생 초본이다. 생육환경은 물기가 많으며 물이 약간 고여 있고 이탄토층이 많이 발달한 습지의 약간 그늘진 곳에서 자란다. 키는 약 70㎝ 내외이고, 잎은 길이는 5~7㎝, 폭은 0.5㎝가량으로 뿌리에서 발달한 줄기를 따라 올라오고 뾰족하다. 꽃은 꽃자루가 있는 여러 개의 꽃이 어긋나게 붙어서 밑에서부터 5~25개가 흰색으로 달린다. 꽃의 길이는 0.7~2㎝이며 등꽃받침은 달걀형이고 아래가 오목하다. 가운데 잎 2장이 위로 향해 있으며 뒤쪽은 병풍 모양으로 둘러싸고 있고 가는 줄기가 아래로 "+"자 모양으로 있으며 양쪽으로는 가늘게 2~3갈래로 갈라지고 수술 2개가 안에 있다. 열매는 갈색이며 긴 타원형으로, 10월경에 길이 1.5~2㎝로 달리고 안에는 많은 종자가 들어 있다.

관리 및 번식법

| **관리법** | 습한 곳에서 자라는 식물이기 때문에 작은 연못 주변이나 물이 잘 빠지지 않는 화분에 심어 관리하면 좋다. 이 식물은

▲ 개잠자리난초_ 꽃

▲ 개잠자리난초_ 시든 모습

동자꽃, 노루오줌, 습지에서 자라는 사초류 등과 같은 식물들과도 잘 살아 이들 식물과 혼식을 해도 좋다. 강한 햇볕이 들어오는 곳보다는 다른 식물에 의해 한 번 햇볕이 차단되어 간접광을 받는 곳에 심으면 생육이 훨씬 좋다.

| **번식법** | 9월경에 씨방이 다 터지지 않고 푸른 상태를 유지하면서 약간 갈변하려고 하는 시점이 적기이다. 씨방이 갈색으로 변하면 종자 발아율이 떨어지기 때문이다. 이렇게 받은 종자는 이끼를 밑에 깔고 위에 먼지와 같은 종자를 뿌려줘야 한다. 다음으로는 수분이 잘 유지될 수 있게 비닐이나 신문지를 이용하여 위를 덮어주고 10~15일이 지난 뒤 열어 바람이 잘 통하게 해준다. 어린 싹을 무리하게 옮기면 벌브가 다쳐 식물이 고사하는 원인이 되기 때문에 이끼를 잘 분리하여야 한다.

▲ 개잠자리난초_ 전초(원 안은 꽃_ 확대)

2장

02 넓은잎잠자리란

Tulotis asiatica Hara

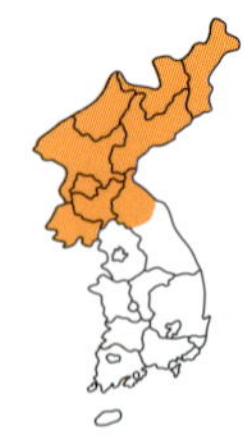

- 이 명 : 넓은잎나도잠자리란, 나도잠자리난, 잠자리란
- 개화기 : 6~8월

생육 특성 넓은잎잠자리란은 각처의 높은 산에서 자라는 다년생 초본이다. 생육환경은 햇볕이 잘 들어오지 않는 반 그늘지고 물 빠짐이 좋으며 부엽질이 풍부하고 공중습도가 높은 경사지에서 자란다. 키는 20~60㎝이고, 잎은 길이 10~20㎝, 폭 3~8㎝로 넓은 타원형으로 끝은 뭉뚝하고 2~3장의 잎이 나오며 아래에 있는 잎은 줄기를 감싼다. 줄기는 굵고 곧게 서며 뿌리는 옆으로 퍼지고 그중 큰 것은 1개의 눈이 있다. 꽃은 연녹색으로, 길고 가느다란 길이 7~15㎝의 꽃차례 축에 꽃자루가 없이 조밀하게 많은 꽃이 달린다. 중앙부 꽃받침조각은 길이가 약 0.4㎝ 정도로 끝이 둥근 타원형이고 옆으로 찢어진 잎은 작고 예리한 삼각형 모양을 하고 있다. 입술모양꽃부리는 밑부분이 3개로 갈라지고 길이는 약 0.5㎝이며 꿀샘은 앞으로 굽으며 길이는 약 0.8㎝ 정도이다. 열매는 9~10월경에 길이 약 1㎝, 폭 약 0.4㎝로 타원형으로 달린다.

▲ 넓은잎잠자리란_ 새순 올라오는 모습

▲ 넓은잎잠자리란_ 잎

▲ 넓은잎잠자리란_ 꽃

▲ 넓은잎잠자리란_ 무리(작은 사진은 꽃_ 확대)

2장

03 잠자리난초

Habenaria linearifolia Maxim. for. *linearifolia*

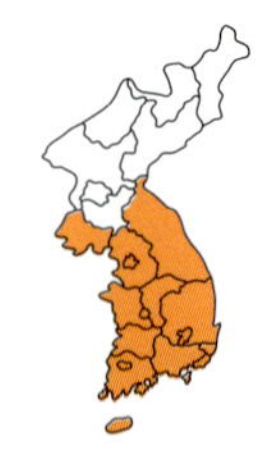

- 이 명 : 해오라비아재비, 큰잠자리난초, 해오래비난초, 십자란
- 개화기 : 6~8월

생육 특성

잠자리난초는 전국 각처에 분포하는 다년생 초본이다. 생육환경은 햇살이 좋고 물살이 빠르지 않은 습지와 고산 혹은 낮은 산의 습지에서 자란다. 키는 40~70㎝이고, 잎은 어긋나고 길이가 10~20㎝, 폭은 0.3~0.6㎝이며 1~2개의 큰 부채꼴 모양이며 잎은 끝이 뾰족하다. 줄기는 곧게 서고, 뿌리는 구근으로 되어 있다. 꽃은 흰색이고 지름은 1~1.5㎝이며, 줄기 윗부분에 10~15개 정도의 꽃이 무리 지어 핀다. 꽃차례는 길이가 7~15㎝이고 줄기 윗부분에 작고 얇은 막이 있으며 길이는 1~1.5㎝이다. 입술모양꽃부리는 길이가

▲ 잠자리난초_ 새순 올라오는 모습

2장

▲ 잠자리난초_ 줄기와 잎

▲ 잠자리난초_ 꽃봉오리

▲ 잠자리난초_ 꽃(정면)

▲ 잠자리난초_ 꽃(측면)

약 1.5㎝, 폭이 약 2㎝ 정도로서 중앙에서 3개로 갈라지고 아래로는 길게 길이 3~4㎝ 정도로 끝 쪽을 향해 점차 굵어지는 꼬리와 같은 것이 붙어 있다. 10월경에 길이 1.5~2㎝의 검은색 열매가 달리고, 안에는 먼지와 같이 미세한 종자들이 수없이 들어 있다.

관리 및 번식법

| **관리법** | 화분에 재배할 때는 물 빠짐이 좋게 돌을 먼저 넣고 위에 심고, 실외에 심을 때는 약한 습지에 두어 구근이 상하지 않게 심는 것이 좋다.

| **번식법** | 10월경에 달리는 종자를 종이에 싸서 보관한 후 이듬해 봄에 이끼를 깔고 위에 먼지 날리듯 뿌리고 물을 줘서 가라앉힌 후 신문지나 비닐로 10~15일 정도 덮어준다. 종자 발아율이 높지 않기 때문에 몇 개체를 얻는 데 만족해야 한다.

▲ 잠자리난초_ 종자 결실

3. 병아리난초류

구름병아리난초 · 병아리난초 · 병아리난초(흰색)

병아리난초의 종류

병아리난초류는 병아리난초, 흰병아리난초, 구름병아리난초, 흰구름병아리난초, 점박이구름병아리난초 등 총 5종이 자생하고 있다.

병아리난초는 낮은 산의 바위에서 흔히 볼 수 있는 품종으로 집단적으로 자생하여 군락을 이루고 있는 곳이 많이 있으며 간혹 흰색 병아리난초도 보인다. 병아리난초류들 가운데 가장 일찍 개화하는 품종이다.

구름병아리난초는 분포가 넓지 않으며 주로 고산지역에 위치하고 있어 일반인이 쉽게 찾기 힘든 품종이다. 이 품종 또한 병아리난초의 생육환경과 같이 주로 바위에 붙어 살아가지만, 주로 서늘하고 바람이 잘 통하는 곳에서 살아가는 특징이 있다.

점박이구름병아리난초는 분포지가 한정되어 있고 분포도도 넓지 않은 종으로 1996년 고(故) 이영노 박사에 의해 처음으로 등재되었다. 꽃과 줄기는 구름병아리난초와 동일하지만 잎에 자줏빛 점이 있다는 것이 다르다.

구름병아리난초의 경우는 산림청에서 멸종위기식물 Ⅱ급으로 분류하여 자생지를 보호하고 있다. 환경단체와 몇몇 야생화 동호회가 주체가 되어 보호하고 있음에도 불구하고 몇몇 자생지의 훼손은 심각하게 나타나고 있다.

특히 이 식물의 훼손이 우려되는 것은

1) 척박한 환경인 바위 위에서 자라는 것이고,

2) 종자번식이나 뿌리로 번식하기 위해서는 이끼와 같은 것이 있어야 하며,

3) 이 품종을 강한 햇볕에서 보호해줄 수 있는 나무와 같은 것이 주변에 있어야 하는데, 대부분 주변의 식생과 생육환경까지 훼손되고 있기 때문이다.

이렇게 해마다 자생지가 훼손당하면 결국 이 품종은 완전히 사라져 더 이상 멸종위기식물이 아니라 우리나라에 존재하지 않는 품종으로 등재될 수도 있는 상황이다.

병아리난초와 구름병아리난초는 간혹 흰색으로 된 개체가 자생지에서 발견되기도 하는데, 이는 꽃의 변이에 의해 흰색으로 나타나는 것이며 이에 대한 보호도 철저히 해야 할 것으로 생각된다.

몇 해 전 흰색 병아리난초가 있다는 곳을 찾아보았으나 개체를 찾을 수 없어 수차례 동일한 장소에서 모니터링한 결과 두 개체가 피고 있는 것을 확인하였다. 처음 그곳을 발견한 애호가는 10여 개체 이상이 있다고 하였고, 한 곳에 뭉쳐 있는 것이 아니라 여러 군데에 흩어져 있다고 하였지만 확인한 결과 한 곳에만 두 개체가 있었고 나머지는 찾을 수 없었다. 이는 두 가지로 해석할 수 있는데 1) 훼손되었을 가능성 2) 자연도태되었을 가능성이다. 난과 식물은 종자 발아를 잘 하지 않는데, 변이체인 흰색의 경우는 종자 발아율이 더욱 현저히 떨어지는 것으로 보고되고 있다.

이곳에서는 수년 동안 늘어나는 개체의 수와 줄어드는 개체의 수를 일정 공간을 설정해 모니터링을 하고 있어, 향후 보호 방안에 대한 대책도 세울 수 있을 것이라 기대하고 있다.

수많은 학자들과 환경단체, 야생화 동호회에서도 이들 품종에 대한 적극적인 모니터링을 통해 개체가 줄고 늘어나는 현황을 파악해 더 철저한 보호를 할 필요가 있다고 생각한다.

잎 구분

▲ 구름병아리난초

▲ 병아리난초

꽃 구분

▲ 구름병아리난초

▲ 병아리난초

▲ 병아리난초(흰색)

01 구름병아리난초

Gymnadenia cucullata (L.) Rich.

- 이　명 : 구름병아리란, 산나사난초, 타래난초
- 개화기 : 7~9월

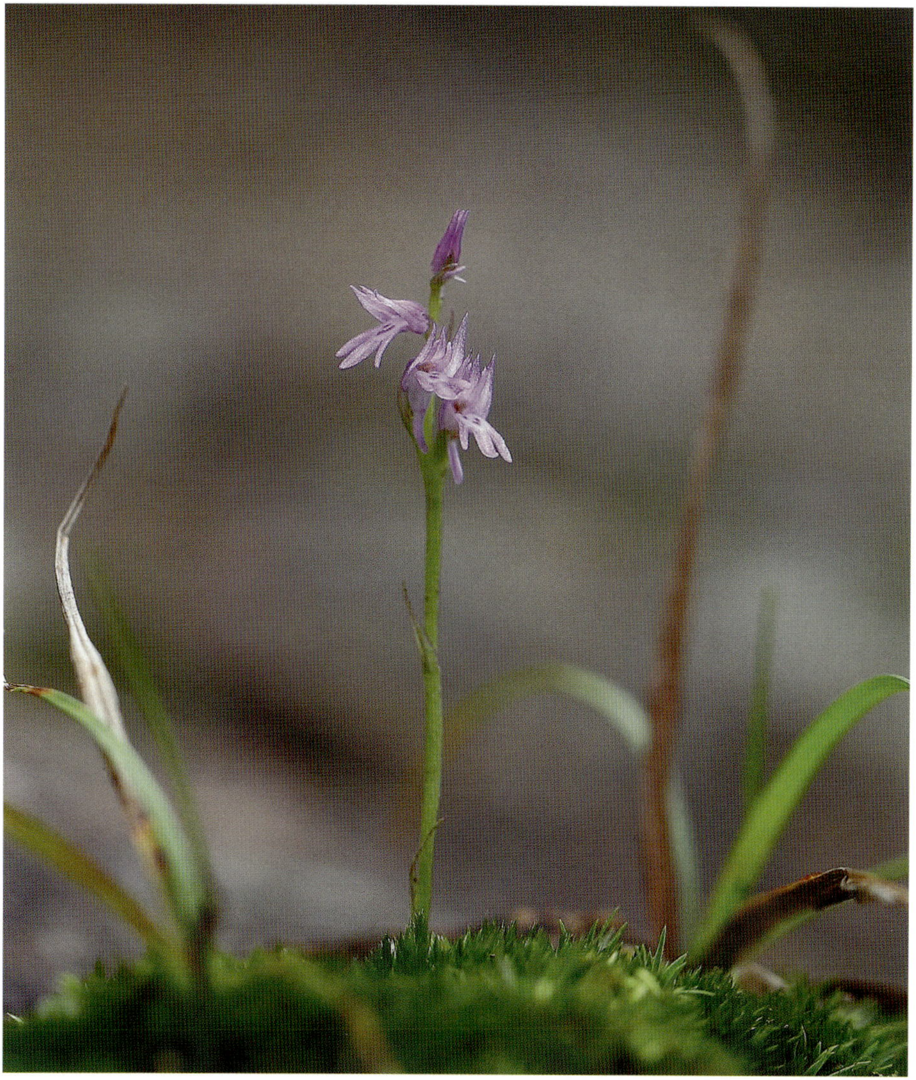

생육 특성

구름병아리난초는 우리나라의 높은 산에서 나는 다년생 초본이다. 생육환경은 부엽질이 풍부한 곳과 반 그늘진 경사지의 물 빠짐이 좋은 곳과 주변습도가 높은 바위 위와 같은 곳에서 자란다. 키는 10~15㎝이고, 잎은 뿌리에서 나와 발달하며 길이는 2.5~7㎝, 폭은 1~3.5㎝로 2~3장이 나오는데 털이 없고 가장자리는 밋밋하며 타원형이다. 줄기는 가늘고 털이 없으며 뿌리는 둥글거나 또는 달걀 모양으로 길이는 약 1㎝, 지름은 약 0.1㎝로 몇 갈래의 잔뿌리가 난다. 꽃은 4~11㎝의 꽃대에 꽃자루가 있는 10~20개의 꽃이 밑에서부터 피기 시작하여 한쪽으로 치우쳐 끝까지 피며, 꽃의 길이는 약 0.7㎝ 정도로 담홍색 또는 흰색이다. 윗꽃받침은 끝이 뾰족하고, 옆꽃받침조각도 끝이 뾰족하며 길이는 약 0.6㎝ 정도이다. 꽃잎은 부채꼴로 약간 뾰족하고 꽃받침조각보다는 약간 짧다. 입술모양꽃부리는 길이가 약 0.7㎝이고 자주색 점이 있으며 꽃잎 밑부분에 있는 자루 모양의 돌기는 가늘며 안으로 굽는다. 열매는 9~10월경에 달리고 안에는 먼지 같은 작은 종자가 많이 들어 있다.

▲ 구름병아리난초_ 잎

멸종위기종으로 분류되어 있어 더욱 각별한 주의가 필요한 품종이다. 몇 해 전 100여 송이 이상이 자생하고 있던 곳에 많은 사람들의 발길이 닿았고, 키울 수 있다는 막연한 생각으로 무분별한 채취가 이루어져 지금은 그곳 자생지가 거의 황폐화되어버렸다. 또한 경상남도의 어느 곳에는 오랜 기간 동안 2개체가 자생하여 모두들 조심스럽게 관찰해왔지만 몇 해 전 누군가의 남획으로 인해 결국 이 자생지가 사라져버린 일까지 있었다. 이렇듯 소중한 우리의 자원은 한 번의 실수와 욕심으로 인해 사라질 위기에 처한다. 나 혼자보다는 더 많은 사람들이, 그리고 우리 후손들이 이 아름다운 식물과 자연을 볼 수 있도록 지켜야 한다는 생각을 왜 하지 못하는지 안타까울 따름이다.

▲ 구름병아리난초_ 꽃봉오리

▲ 구름병아리난초_ 꽃

▲ 구름병아리난초_ 시드는 모습

관리 및 번식법

| **관리법** | 고산지역에서 자라는 식물이어서 쉽게 키울 수는 없다. 때문에 주변이 서늘한 화단의 비옥한 곳을 찾아 심고 화분에 심을 때는 반 그늘진 곳에 두고 물 빠짐이 좋게 한 후 심는다. 물 관리는 주변습도를 높게 유지하면서 3~4일에 한 번 정도 물을 준다.

| **번식법** | 9~10월경에 종자가 맺히는 것으로 번식하지만 종자 발아 조건이 까다로워 거의 발아하지 않아, 모체에서 분리하여 번식시키는 것이 유일하다. 그렇지 않으면 이끼를 깔고 익지 않은 종자를 뿌리면 된다. 다른 난과 식물보다는 못하지만 자생지에서는 간간히 발아가 이루어지는 것으로 보아서는 종자로도 번식이 가능하므로 이 부분에 관한 연구도 앞으로 진행되었으면 한다.

02 병아리난초/병아리난초(흰색)

Amitostigma gracilis (Blume) Schltr.

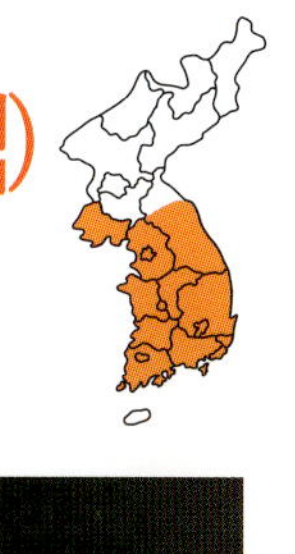

- 이 명 : 바위난초, 병아리란
- 개화기 : 6~7월

3장

생육 특성

병아리난초는 우리나라 산지의 암벽에서 자라는 다년생 초본이다. 생육환경은 공중습도가 높으며 이끼가 많고 반그늘인 바위에서 자란다. 키는 8~20㎝이고, 잎은 길이가 3~8㎝, 폭이 1~2㎝ 정도 되고 긴 타원형으로 밑부분보다 약간 위에 1장 달린다. 꽃은 홍자색으로 길이는 1~4㎝로 꽃이 한쪽으로 치우쳐서 달리고 끝이 뾰족하다. 꽃받침조각은 길이가 약 0.2㎝로 타원형이며 끝이 둔하고 하나의 맥이 있다. 입술모양꽃부리는 중앙 밑부분이 3개로 갈라지고 길이는 약 0.4㎝이며, 옆으로 찢어진 잎은 길이가 약 0.1㎝로 끝이 둔하다. 아래로 처진 부분은 길이가 약 0.2㎝ 정도로 짧다. 열매는 8~9월경에 길이 0.4~0.7㎝로 타원형으로 달린다.

▲ 병아리난초_ 종자

관리 및 번식법

| **관리법** | 작은 난초 화분에 심는다. 물 빠짐을 좋게 해주고 다른 난들과는 달리 퇴비를 많이 넣고 공중습도를 높여주어야 한다.

▲ 병아리난초_ 새순 올라오는 모습

▲ 병아리난초_ 꽃

▲ 병아리난초_ 종자 결실

3장

흙이 마르면 물을 약간 주고 분무기와 같은 것으로 공중에 하루 3~4회 정도 물을 뿌려줘야 한다.

| **번식법** | 종자는 발아율이 너무 낮으므로 가을에 모본에서 옆에 달린 어린 뿌리를 나누어 화분이나 화단에 심는다.

▲ 병아리난초_ 무리

▲ 병아리난초(흰색)_ 꽃

▲ 병아리난초(흰색)_ 전초

4. 새우난초류

금새우난초 · 새우난초 · 여름새우난초 · 한라새우난초

새우난초의 종류

새우난초류의 학명은 희랍어의 kalos(아름답다)와 anthos(꽃)의 합성어로 꽃이 아름다워 붙여진 것이며, 종소명 bicolor는 bi(2 또는 두 개)와 color(색)의 합성어로 꽃잎과 입술모양꽃부리의 색이 다르기 때문에 붙여진 것이다.

새우난초류는 5월 상순부터 8월 중순까지 봄과 여름에 걸쳐 꽃을 피우는 자생란이다. 비교적 교배가 잘 이루어지는 품종으로, 자연교배로 이루어진 자연 교잡종이 다른 난류에 비해 비교적 많고 색도 다양하여 자주색, 붉은색, 복숭아색, 흰색, 노란색 등 풍부하다. 햇볕을 직접적으로 받는 곳이 아니면 어디서나 잘 자라고 꽃을 잘 피운다.

국내에 서식하고 있는 새우난초속의 종류는 새우난초, 금새우난초, 여름새우난초, 한라새우난초, 신안새우난초, 다도새우난초 등 6종인데 새우난초, 금새우난초, 여름새우난초는 원종이며 한라새우란, 신안새우란, 다도새우란은 원종들 간에 이루어진 자연교잡종이다.

1) 한라새우난초 : 새우란과 금새우란의 자연교잡종

2) 신안새우난초 : 새우란과 아직 발견되지 않은 어떤 종과의 자연교잡종

3) 다도새우난초 : 금새우란과 어떤 종과의 자연 교잡종인 것으로 알려져 있다.

최근 들어 서식처가 서해안을 중심으로 많이 알려지고 있고 지리산 내륙 쪽에서도 적지만 일부가 발견되고 있다. 이는 생태학적으로 아주 중요한 의미를 가진 것으로, 새우란의 서식

처는 따뜻한 곳으로 해안을 접하고 있어야 한다는 일부의 통설을 깬 것이다. 또한 서해안 일부 지역에서는 이전부터 많은 개체가 있었고 그 지역 주민들은 이 품종을 단순한 꽃으로만 여겼을 뿐이라고 한다. 그래서인지는 몰라도 이 지역을 중심으로 꽃 색과 줄기 등에서 파란 계통(일명 녹화라고 함)이 많이 발견되고 있기도 하다.

한라새우난초는 제주도 한라산 지역에 자생하는 것으로 알려져 있다. 특히 더위와 추위에 강하며 재배가 쉬워 난 애호가들에게 인기가 높다. 잎이 크고 꽃이 아름다우며 색깔도 다양해 많은 사랑을 받고 있는 종이지만 그만큼 자생지의 훼손은 큰 것으로 보고되고 있다. 이는 번식을 통하지 않고 쉽게 남획해서 소비자에게 파는 형태가 자행되고 있기 때문이다. 제주도 현지에서도 이에 대한 자성의 목소리가 나오고 있으며 이제는 외부로 반출되는 개체가 거의 없을 만큼 환경단체에서도 보호하고 있다. 한정된 지역에서 자라는 품종이므로 이런 보호조치가 당연히 선행되어야 하며, 이를 지키고자 하는 노력 또한 병행되어야 할 것이다.

여름새우난초는 다른 품종들과 개화 시기가 다르고 꽃의 형태가 특이해 많은 관심을 모은다. 이 품종 역시 국한된 곳에서 자라므로 각별한 보호가 필요하다 할 수 있다.

재배 및 관리 요령은 다음과 같다.

1. 근경을 손으로 만져 단단하면 건강한 포기이므로 지하부를 물로 세척한다.(염주처럼 여러 개의 근경이 달려 있다.)
2. 물로 씻을 때는 잡초 뿌리, 검게 되어 있는 뿌리 등을 깨끗이 제거한다.
3. 희석한 살균액 속에 한 포기씩 나누어 20분 정도 담근다.
4. 높이가 20㎝ 내외인 다소 높은 화분을 준비한다.
5. 용토는 전체를 난석으로 하거나 혼합석 1 : 마사 1 : 부엽토 0.4의 비율로도 심는데, 어느 방법을 택하더라도 좋다.
6. 심을 때는 관상가치를 높이기 위해 여러 촉을 풍성하게 함께 심는다.
7. 심을 때 가장 주의해야 할 부분은 약간 근경이 묻힐 정도로 심는 것이다.(이렇게 하지 않고 완전히 묻히게 되면 근경이 썩는 경우가 많기 때문이다.)

8. 화분에 심은 것은 3~10일 정도 그늘에 두어 새 용토에 충분히 적응시킨 다음 옮긴다.

9. 거름을 좋아하므로 계분, 돈분을 완전하게 발효시킨 유기질비료를 사용하면 이듬해에 좋은 꽃을 볼 수 있다.

10. 이렇게 만들어진 화분은 가능한 직사광선을 받지 않는 곳에 두는데 이유는 잎이 타는 경우가 많기 때문이다.

11. 여름 장마철에 통풍이 좋지 않으면 잎에 병이 들어 검게 썩을 수 있으니 습도를 낮추고 통풍을 좋게 해야 한다.(잎이 약간 검게 변해도 잎을 제거해서는 안 된다. 이는 가을까지 원래 잎을 건강하게 보존해야 좋은 꽃을 볼 수 있기 때문이다.)

12. 겨울철 관리는 화분의 흙이 완전히 마르지 않게 10~15일에 한 번씩 물을 줘야 한다.

13. 생육온도는 0~5℃ 사이를 유지시켜준다.

14. 분갈이는 3년에 한 번씩 해주어야 발육상태가 좋아진다.

잎 구분

▲ 새우난초

▲ 금새우난초

▲ 한라새우난초

▲ 여름새우난초

꽃 구분

▲ 금새우난초

▲ 여름새우난초

▲ 한라새우난초

▲ 새우난초

4장

▲ 새우난초_ 꽃변이1(곁잎이 아래로 처짐)

▲ 새우난초_ 꽃변이2(녹화)

01 금새우난초

Calanthe discolor F. *sieboldii* (Decne.) Ohwi

- 이 명 : 노랑새우난초, 금새우난, 금새우란
- 개화기 : 4~5월

생육 특성

금새우난초는 우리나라 남부 해안지역과 제주도 서해안 일부 지역에서 자라는 다년생 초본이다. 생육환경은 햇볕이 많이 들지 않거나 반 그늘지고 주변습도가 높으며 물 빠짐이 좋은 경사지에서 자란다. 키는 약 40㎝ 정도이고, 잎은 길이는 20~30㎝, 폭은 5~10㎝로 주름이 많으며 최초의 잎은 뿌리 부분에서 2~3개가 나와 칼집 모양으로 생긴 잎으로 싸여 있다 벌어지며, 넓은 타원형이다. 또한 이듬해에는 잎이 옆으로 늘어지고 안에서는 새로운 잎이 나온다. 뿌리는 염주 모양이며 땅을 기고 수염뿌리가 많다. 꽃은 잎 사이에서 긴 꽃대에 꽃줄기가 있는 여러 개의 꽃이 어긋나게 붙어서 밑에서부터 피기 시작하며 10개 정도가 노란색으로 달린다. 꽃줄기는 짧은 털이 있고 비늘 같은 잎이 1~2개 있다. 꽃 밑부분에 있는 잎과 같은 부분은 가늘고 길며 끝이 뾰족하고 아래쪽이 약간 불룩한 형태로, 길이가 5~10㎝이고 얇은 종이처럼 반투명하다. 꽃받침조각은 길이가 1.5~2㎝로 달걀 모양의

4장

▲ 금새우난초_ 잎

▲ 금새우난초_ 꽃

긴 타원형이고 꽃받침잎은 길이가 2.3~3㎝, 폭이 0.7~1.3㎝로 꽃잎은 꽃받침보다 다소 작다. 입술꽃잎은 노란색이며 삼각형의 부채 모양을 하고 3개로 깊게 갈라지고, 갈라진 조각 중 가운데 것은 끝이 오므라지고 안쪽에 3개의 모가 난 줄이 있다. 꿀주머니는 길이가 0.5~1㎝로 꽃잎보다 짧다. 열매는 7~8월경에 밑으로 처지며 달린다.

이 품종은 우리나라 멸종위기식물로 분류되어 있다. 앞으로 많은 부분의 연구가 이루어져야 할 품종 중 하나이고 최근에는 금새우란과 유사한 품종들에서 많은 변이가 일어나고 있으며 이 품종 또한 책에 수록하였다. 이런 현상에서 알 수 있듯 아직까지 많은 종에서 자연교배가 잘 이루어지고 있고, 이들 중 다른 품종의 모본과 부본의 영향을 받은 품종들이 나타나고 있다.

▲ 금새우난초_ 무리(작은 사진은 꽃_ 확대)

4장

02 새우난초

Calanthe discolor Lindl.

■ 개화기 : 4~5월

생육 특성

새우난초는 제주도와 남해안, 서해안 일대에서 나는 다년생 초본이다. 생육환경은 1,300m 이하의 숲 속 잡목림 사이의 물 빠짐이 좋고 햇볕이 잘 들어오며 토양이 비옥한 경사지에서 자란다. 키는 20~50㎝이고, 잎은 길이가 15~25㎝, 폭 4~6㎝이며 양끝이 좁고 주름이 있으며, 첫해에는 2~3개가 뿌리에서 나와 곧게 자라지만 다음해에는 옆으로 늘어졌다가 그 이듬해에는 사라지며 달걀을 거꾸로 세운 모양의 긴 타원형이다. 뿌리는 1년에 한 개씩 생기고 포복성으로 옆으로 번으며 새우등과 같은 모양의 마디가 많고 잔뿌리가 다수 있다. 꽃은 자주색과 녹갈색, 또는 연녹색으로 잎 사이에서 나온 약 15㎝ 정도의 다소 털이 있는 꽃줄기에 꽃자루가 있는 여러 개의 꽃이 어긋나게 10여 개 이상이 붙어 밑에서부터 피기 시작하며, 꽃받침조각은 길이가 1.5~2㎝로 달걀 모양의 긴 타원형이다. 입술꽃잎은 3개로 깊게 갈라지고, 갈라진 조각 중 가운데 것은 끝이 오므라지고 안쪽에 3개의 능선이 있고 아래로 돌출된 것은 길이가 0.5~1㎝이다. 열매는 6~8월경에 길이 1.5~2㎝, 폭 0.8~1㎝의 타원형으로 달린다.

▲ 새우난초_ 새순 올라오는 모습

▲ 새우난초_ 잎 올라오는 모습

▲ 새우난초_ 잎

▲ 새우난초_ 꽃봉오리

▲ 새우난초(녹화)_ 꽃봉오리

▲ 새우난초_ 꽃

▲ 새우난초(녹화)_ 꽃

▲ 새우난초_ 무리(원 안은 종자 결실_ 미숙)

▲ 새우난초(녹화)_ 전초(원 안은 종자 결실_ 완숙)

4장

03 여름새우난초

Calanthe reflexa Maxim.

- 이　명 : 여름새우난, 여름새우란
- 개화기 : 8월

생육 특성

여름새우난초는 제주도 산지의 숲 속에서 나는 다년생 초본이다. 생육환경은 부엽질이 풍부하고 습도가 높은 곳의 반그늘에서 자란다. 키는 20~40㎝이고, 잎은 길이가 10~30㎝, 폭이 3~8㎝이고 긴 타원형으로 깊은 주름이 지고 3~5장이 안에서 자라며 이듬해 봄에 쓰러진다. 뿌리줄기는 짧고 알뿌리는 2~3개가 연결되며 달걀 모양의 구형이다. 꽃은 윗부분에 10~20개의 연한 홍자색 꽃이 20~40㎝의 꽃대에 어긋나게 붙어서 밑에서부터 피기 시작하여 위로 올라가며 달린다. 꽃잎은 길이 1.2~1.5㎝, 폭 1.5~2㎝로 부채꼴 모양이고, 아래 입술 모양의 잎은 밑으로 처지고 3갈래로 갈라지며 폭은 0.7~1㎝ 정도이고 밑으로 처지는 돌기는 없다. 열매는 9~10월경에 밑으로 처지며 달린다.

지역적으로 한정되어 자라는 품종이며 제주도 내에서도 최근 여러 군데의 자생지가 발견되었다. 키가 크기 때문에 쉽게 눈에 보일 것 같지만 전혀 그렇지 않은데, 이유는 습도가 높고 사람들의 왕래가 적은 곳에서 자라기 때문이다. 해마다 늘어나는 야생화 동호인들에게 새로운 자생지가 발견되고 있지만 회원들만 아는 장소로 두는 경우가 많아 훼손되지 않고 지켜지는 측면도 있다. 난과

▲ 여름새우난초_ 새순 올라오는 모습

▲ 여름새우난초_ 잎

▲ 여름새우난초_ 꽃봉오리

▲ 여름새우난초_ 꽃(정면)

▲ 여름새우난초_ 꽃(측면)

4장

식물 가운데 꽃과 자태가 매우 아름다운 편에 속한다.

우리나라에서는 멸종위기식물로 분류하여 관리하고 있다.

관리 및 번식법

| **관리법** | 반그늘이 진 곳에 유기질 함량이 많은 퇴비를 넣고 관리한다. 난초류 가운데에서는 키가 큰 편으로 화단의 중앙에 심어 관리한다. 화분에 심을 때는 물 빠짐을 좋게 한 후 구근이 들어갈 정도로만 넣고 지상부는 그대로 남겨둬야 한다. 그렇지 않고 지상부까지 넣게 되면 구근과 식물이 고사하기 때문이다.

| **번식법** | 자생지를 보면 한 곳에 많이 피는 경우도 있지만 주로 산재해 있어 종자 발아가 잘 되는 것으로 추정하고 있을 뿐 알려진 번식법은 없다. 뿌리는 이른 봄이나 가을에 지상부 잎이 고사한 후 분리하여 심는다.

▲ 여름새우난초_ 무리

04 한라새우난초

Calanthe bicolor Lindl.

- 이　명 : 큰새우난초
- 개화기 : 4~5월

4장

생육 특성

한라새우난초는 제주도의 산림 아래에서 나는 상록성 다년생 초본이다. 생육환경은 주변습도가 높고, 토양의 유기질 함량이 많으며 물 빠짐이 좋은 곳에서 자란다. 키는 30~50㎝ 정도이고, 잎은 길이는 10~30㎝, 폭은 5~8㎝이고 긴 타원형으로 깊은 주름이 지고 3~5장이 안에서 자라며 이듬해 봄에 쓰러진다. 줄기는 새 잎이 자라기 전에 30~50㎝ 정도로 자라고 짧은 털이 많다. 뿌리줄기는 짧고 알뿌리는 2~3개가 연결되며 달걀 모양의 구형이다. 꽃은 윗부분에 10~20개의 꽃이 20~40㎝의 꽃대에 꽃이 어긋나게 붙어서 밑에서부터 피기 시작하여 위로 올라가며, 주로 주황색으로 달리고 꽃 색의 변이가 심하다. 꽃잎은 길이가 1.2~1.5㎝, 폭은 1.5~2㎝로 부채꼴 모양이고, 아래 입술 모양의 잎은 밑으로 처지고 3갈래로 갈라지며 폭은 0.7~1㎝ 정도이고 밑으로 처지는 돌기는 없다. 열매는 9~10월경에 밑으로 처지며 달린다.

이 품종은 꽃 색이 다양하게 나타나며 새우란과 금새우란의 교잡종으로 알려져 있다. 제주도에서만 자라는 품종이며 꽃 색이 다양하다 보니 자생지에서의 남획이 매우 심각한 수준이다. 해마다 자생지에서의 남획이 심한 관계로 제주도의 몇몇 단체에서는 이 품종을 지키기 위해 새로 발견되는 자생지를 일반인들에게는 공개하지 않고 있다. 그리하여 지금은 제법 많은 곳에서 새로운 자생지가 발견되어 철저히 보호되고 있다.

▲ 한라새우난초_ 꽃

5. 닭의난초류

갯청닭의난초 · 닭의난초 · 임계청닭의난초 · 청닭의난초

닭의난초 종류

자생하는 닭의난초류 종류는 닭의난초, 청닭의난초, 임계청닭의난초, 갯청닭의난초로 총 4종이 서식하는 것으로 알려져 있다.

가장 많은 곳에서 자생하는 종류는 닭의난초이며 우리나라 전역에 분포한다. 지역적인 특성에 따라 꽃의 색이 붉은색 또는 연한 붉은색을 띤 품종, 제주도 한라산에서는 꽃 색은 동일하지만 입술모양꽃부리의 형태가 다른 품종 등 매우 다양한 형태의 품종들이 관찰되고 있다. 하지만 아직 꽃 색의 변화가 왜 일어나는지에 대한 보고는 없다. 또한 이렇게 꽃 색의 변화를 보이는 품종들은 자생지에서 큰 집단을 형성하고 있어 일시적인 꽃 색의 변화라고는 보기 힘들다. 이는 다른 난과 식물들과 같이 종자 번식에 의한 변이체의 발현인지 아니면 원래부터 이런 색을 가진 품종들이 있었는지에 대한 연구가 되어야 하겠다.

청닭의난초는 일본에서 홋카이도, 혼슈, 시코쿠, 큐슈 등에 분포하는 것으로 알려져 있고 각종 문헌에 우리나라와 중국에도 분포한다고 기술하고 있다.

갯청닭의난초는 일본 혼슈 아이치 현에서 아오모리 현까지 태평양 쪽 해안의 해송 아래에 자생하는 것으로 보고되고 있다. 이 품종의 국명이 아직 정해지지 않아 일반인들이 바닷가 근처에서 자란다고 하여 앞에 "갯"이라는 단어를 붙여 부르고 있는데, 조만간 분류학자들에 의해 정확한 국명이 정해질 것으로 생각한다.

5장

잎 구분

▲ 닭의난초

▲ 청닭의난초

꽃 구분

▲ 닭의난초

▲ 닭의난초_ 변이1(분홍색 꽃)

▲ 닭의난초_ 변이2(붉은색 꽃)

▲ 청닭의난초

01 갯청닭의난초

Epipactis papillosa var. *sayekiana* (Makino) T. Koyama et Y. Asai

- 개화기 : 6~7월

생육 특성

갯청닭의난초는 강원도와 경상북도 일부 지방에서 자라는 다년생 초본이다. 생육환경은 소나무가 있는 곳의 물 빠짐이 좋은 곳에서 자란다. 키는 50~70㎝이고, 잎은 길이가 7~12㎝, 폭은 2~4㎝로 난상 타원형으로 가장자리와 맥 위에 털 같은 돌기가 있다. 줄기는 꼬불꼬불한 갈색 털이 있으며 5~7개의 잎이 달린다. 꽃은 여러 개의 꽃이 밑에서부터 피면서 위로 올라가며 꽃이 갈라지는 곳에 꼬불꼬불한 털이 있으며 한쪽으로 치우쳐 연한 녹색으로 달린다.

아직 미기록종이어서 정확한 정보는 알 수 없고 청닭의난초와 비교해보면

1) 전초는 조금 더 크고

2) 꽃 수가 많으며

3) 황갈색을 띤 녹색으로

4) 바닷가 모래가 많은 소나무 숲에서 자생한다.

이 품종이 처음 알려진 것은 1958년 〈Journal of Japanese Botany 33〉에 발표되면서이다. 일본에서는 이 품종을 멸종위기종 Ⅱ급으로 분류하고 있다.

가칭 갯청닭의난초라고 부르는 이 품종은 아직 미기록종으로 2008년 강원일보가 동해에서 발견된 것을 소개하면서 알려지기 시작했다. 이후 많은 전문가들의 토론 결과 청닭의난초와는 다르다는 의견이 많았고, 이후 이 품종을 갯청닭의난초라고 부르고 있다.

02 닭의난초

Epipactis thunbergii A.Gray

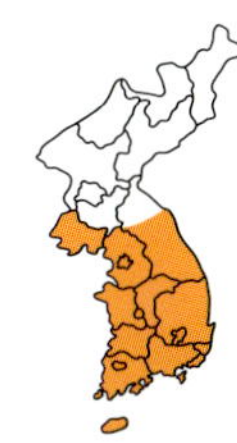

- 이　명 : 닭의란
- 개화기 : 6~7월

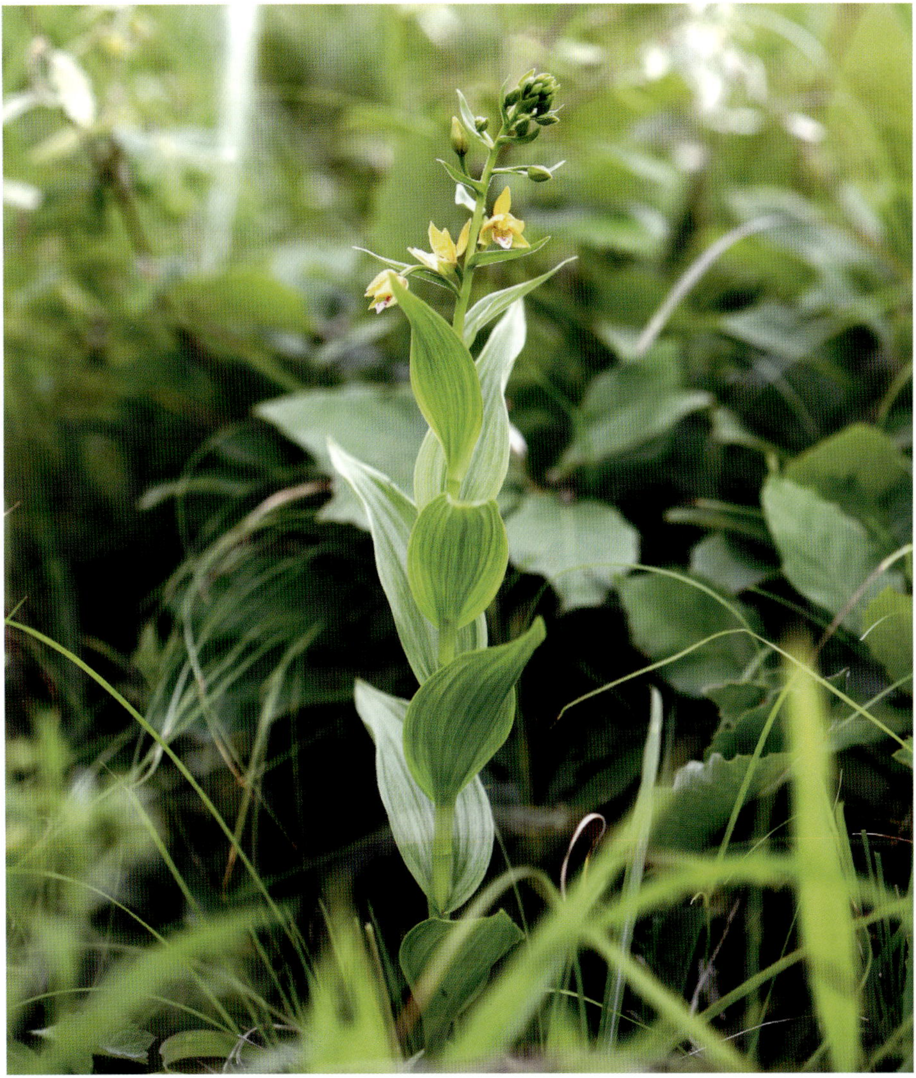

생육 특성

닭의난초는 중부 이남의 산지에서 자라는 다년생 초본이다. 생육환경은 햇볕이 잘 들고 부엽질이 풍부하며 배수가 잘 되는 곳에서 자란다. 키는 30~70㎝이고, 잎은 길이가 6~13㎝, 폭이 3~5㎝로 좁은 달걀 모양이고 6~12장 정도가 줄기를 감싸며 주름이 많고 끝부분이 뾰족하다. 가장자리와 맥 위에는 둥근 돌기가 있다. 뿌리는 옆으로 뻗으며 마디마디에서 뿌리를 내린다. 꽃은 원줄기를 따라 위로 올라가며 피고 황갈색으로 꽃 안쪽에는 홍자색의 반점이 있다. 꽃받침조각은 길이가 1.2~1.5㎝로 긴 달걀 모양이며 녹갈색이 돌고 꽃잎은 꽃받침조각과 길이가 같고 등황색이며 달걀 모양이다. 입술모양꽃부리는 흰색으로 안쪽에는 홍자색 반점이 있고 밑에 있는 것은 안쪽으로 오목하게 들어간다. 열매는 9월경에 아래로 처지면서 달리고 안에는 먼지와 같은 종자가 많이 들어 있으며 길이는 2~2.5㎝이다.

▲ 닭의난초_ 새순 올라오는 모습

▲ 닭의난초_ 잎

▲ 닭의난초_ 꽃봉오리

▲ 닭의난초_ 꽃(정면)

▲ 닭의난초_ 꽃(측면)

▲ 닭의난초_ 종자 결실

관리 및 번식법

| **관리법** | 일반 화분에 심어 햇볕이 잘 드는 곳에 두면 좋다. 실외에 심을 때는 햇볕이 잘 들고 번식이 잘 되지 않는 식물 사이에 심는 것이 좋으며 물은 3~4일 간격으로 준다.

| **번식법** | 종자를 따서 종이에 싸 냉장고에 보관 후 이듬해 봄에 뿌린다. 종자를 뿌릴 때는 이끼를 모래 위에 깔고 먼지 뿌리듯 종자를 털어 이끼 사이에 들어가게 한 후 물을 줘서 종자를 가라앉히고 신문지나 비닐로 위를 덮어두었다가 10~15일 뒤 열어준다.

▲ 닭의난초_ 꽃변이1(분홍색 꽃)

▲ 닭의난초_ 꽃변이2(붉은색 꽃)

5장

▲ 닭의난초_ 전초(작은 사진은 꽃_ 확대)

03 임계청닭의난초

Epipactis papillosa var. *imkoeensis* Y.N.Lee & K.S.Lee

■ 개화기 : 6~8월

생육 특성 임계청닭의난초는 강원도에서 나는 다년생 초본이다. 생육환경은 낙엽수 아래의 부엽질이 풍부하고 배수가 잘 되는 반 그늘진 곳에서 자란다. 키는 20~25㎝이고, 잎은 길이 약 8㎝, 폭 약 3㎝로 타원형이며 잎맥이 많고 잎 가장자리와 잎맥 뒤에 튀어나온 돌기가 있다. 줄기는 곱슬거리는 털로 덮이고 3개 정도 줄기를 둘러싸 마치 칼집 모양과 같은 잎과 4장의 잎이 있고, 뿌리는 땅속줄기는 짧고 수염뿌리가 있다. 꽃은 꽃자루가 있는 여러 개의 꽃이 어긋나게 붙어서 밑에서부터 지름이 약 0.6㎝ 정도이고 황록색을 띤 흰색으로 달린다. 꽃잎은 길이가 약 0.2㎝ 정도로 백록색이며, 넓은 피침형으로 3개의 녹색 맥이 있고, 위로 올라온 돌기가 맥 위에 있다. 긴 타원형 열매가 9~10월경에 길이 2~2.5㎝로 달린다.

▲ 임계청닭의난초_ 꽃

04 청닭의난초

Epipactis papillosa Franch. & Sav.

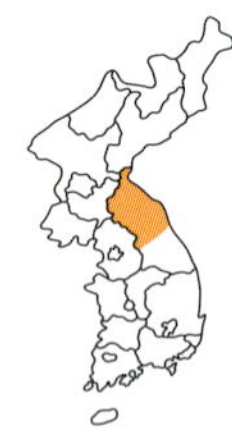

- 이 명 : 푸른닭의난초, 파란닭의란
- 개화기 : 7~8월

생육 특성

청닭의난초는 우리나라 중북부에서 나는 다년생 초본이다. 생육 환경은 경사지의 주변습도가 높고 부엽질이 많으며 반그늘이 진 곳에서 자란다. 키는 30~70㎝이고, 잎은 길이는 7~12㎝, 폭은 2~4㎝로 난상 타원형으로 가장자리와 맥 위에 털 같은 돌기가 있다. 줄기는 꼬불꼬불한 갈색 털이 있으며 5~7개의 잎이 달린다. 꽃은 여러 개의 연한 녹색 꽃이 밑에서부터 위로 올라가면서 한쪽으로 치우쳐 피며 꽃이 갈라지는 곳에는 꼬불꼬불한 털이 있다. 아래 잎은 꽃잎과 길이가 비슷하며 연녹색이고 아래의 꽃잎은 안쪽이 갈색으로 타원형이고 위쪽 꽃잎은 다소 뾰족하며 삼각형으로 달리고, 꽃받침잎은 길이가 약 1㎝ 정도이며 반쯤 벌어진다. 열매는 9~10월경에 길이 약 1㎝ 정도의 타원형으로 달린다.

현재 청닭의난초는 "갯청닭의난초"와 "임계청닭의난초"로 나누어져 있는데, 2010년에 상호간에 서로 다른 점인 유의성이 없는 것으로 판단하여 모두 "청닭의난초"로 명명하였으나, 문헌상으로는 위 품종들은 각각의 품종으로 나누어야 한다고 사료된다.

▲ 청닭의난초_ 잎

▲ 청닭의난초_ 꽃봉오리

▲ 청닭의난초_ 꽃(확대)

▲ 청닭의난초_ 꽃

▲ 청닭의난초_ 종자 결실

이들은 자생조건과 잎, 꽃의 형태가 약간씩 다르기 때문에 좀 더 면밀한 조사를 한 후 결정하는 것도 좋을 법하다. 일본에서는 우리나라 "(가칭)갯청닭의난초"를 멸종위기종 Ⅱ급으로 분류하고 있는 것을 보면 두 품종 간의 정확한 형태적 기술이 이루어져야 한다고 생각된다.

우리나라에서는 이 품종을 멸종위기식물로 분류하고 있다.

관리및 번식법

| **관리법** | 알려진 재배법이 없고 재배 또한 어렵다.

| **번식법** | 10월경에 종자를 받아 상토에 이끼나 수태를 올려놓고 그 위에 종자를 뿌린 후 분무기와 같이 구멍이 좁은 물뿌리개를 이용하여 물을 준다. 이른 봄에도 동일한 방법으로 하며 파종상에 종자를 뿌린 다음에는 신문이나 비닐로 덮고 15일 정도 지난 후 제거한다.

▲ 청닭의난초_ 전초

6. 방울새란류

방울새란 · 큰방울새란 · 흰큰방울새란

방울새란의 종류

방울새란은 특이하게 "난초"라는 이름 대신 "란"이라는 이름이 붙은 종이다. 일반적으로 "란"은 잎이 상록이며 겨울에도 남아 있는 종 뒤에 붙이는 단어이다. 하지만 이명에는 "방울새난초"라는 것도 있어 이를 병행하여 사용하기도 한다.

이름에서 알 수 있듯 이 품종의 이름 앞에 "방울새"라는 명칭이 붙은 이유는 꽃 모양이 방울새와 유사한 데서 유래하였다.

이 두 품종은 이름은 유사하지만 다른 생육특성을 가지고 있기도 하다. 대별되는 자생지 조건을 가지고 있으며 꽃 모양도 다르게 나타난다.

	방울새란	큰방울새란
생육특성	공중습도가 높은 곳의 배수가 잘 되는 곳	주변이 습지여서 항상 물이 고여 있는 곳
꽃모양	꽃이 완전히 개화하지 않고 위를 향해 달린다.	꽃이 활짝 개화하며 측면을 향해 달린다.

이렇듯 두 품종은 같은 이름을 사용하지만 다른 생육환경과 꽃의 모양을 가지고 있다.

최근 들어 관찰되는 것은 이 품종들에서도 알비노(albino) 품종이 발견된다는 것이다. 한동안 다른 품종들에서는 많은 변이체들이 발견되었지만 이 두 품종은 최근에야 흰색 품종들이 발견되고 있으며 그 수는 극히 일부에 지나지 않는다.

이 중에서도 특히 관심을 가져야 할 품종은 큰방울새란이다. 이 품종은 습지에서 살아가는 만큼 현재 습지가 사라지고 있어 이에 대한 보호책이 절실한 실정이다. 몇 해 전에 자생지에 갔을 때는 상당히 많은 개체가 자라고 있었지만 주변에서 공사를 하면서 물길이 다른 곳으로 나게 되어 지금은 그 명맥만 유지하고 있으며, 해마다 개체수가 줄어드는 것을 관찰하였다.

아직까지 그 정도가 심하지는 않지만 개발로 인해 점점 습지가 얼마 남지 않는 상황이 생기기 전에 이 품종의 보호대책 또한 마련되어야 할 것으로 생각된다.

잎 구분

▲ 방울새란

▲ 큰방울새란

꽃 구분

▲ 방울새란

▲ 흰큰방울새란

▲ 큰방울새란

6장

01 방울새란

Pogonia minor (Makino) Makino

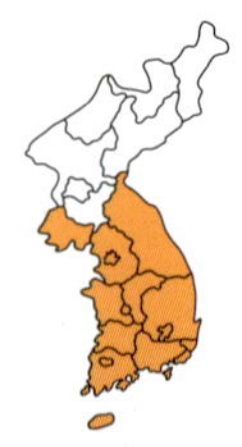

- 이 명 : 방울새난초, 방울새난
- 개화기 : 6~8월

생육 특성

방울새란은 전국 각처의 산지에서 자라는 다년생 초본이다. 생육환경은 햇볕이 잘 들고 물 빠짐이 좋으며 부엽질이 풍부한 곳에서 자란다. 키는 10~25㎝이고, 잎은 중앙부 약간 위쪽에 한 개가 달리며 긴 타원형으로 표면에는 윤기가 많이 나고 길이는 3~7㎝, 폭이 0.4~1.2㎝이다. 꽃은 흰색 바탕에 연한 홍자색이 돌며 원줄기 끝에 1개가 완전히 펼쳐지지 않은 상태로 달린다. 꽃받침조각은 길이 1~1.5㎝로 끝에서 밑부분을 향해 좁아지는 모양이고 끝이 가늘고 둔하며 입술모양꽃부리는 끝이 3개로 갈라진다. 열매는 10월경에 흑갈색으로 달리며 안에는 먼지처럼 미세한 수많은 종자가 들어 있고, 길이는 약 2.5㎝ 정도이다. 꽃이 필 때 자세히 살펴보면 위를 향하면서 앞부분만 약간 열린 상태로 되어 있는데 이 형태가 완전히 개화한 모습이다.

▲ 방울새란_ 잎 올라오는 모습

관리 및 번식법

| **관리법** | 난과 식물 가운데 비교적 키우기 쉬운 종으로 실내에서는 햇볕이 들어오는 곳에 화분으로 만들어주면 좋고, 실외에서는 바람이 잘 통하는 곳에 집단적으로 심는다. 물 관리는 2~3일 간격으로 준다.

| **번식법** | 10월에 결실되는 종자를 받아 종이에 싸서 냉장보관한 후 이듬해 봄 상토 위에 이끼를 깔고 그 위에 미세한 종자를 날리면서 뿌린 후 물을 주어 가라앉힌다. 종자 발아가 쉽지 않은 품종이기 때문에 많은 종자를 뿌렸다 하더라도 몇 개체를 얻는 데 만족해야 한다.

▲ 방울새란_ 꽃

▲ 방울새란_ 종자 결실

▲ 방울새란_ 꽃대

6장

▲ 방울새란_ 무리

02 큰방울새란

Pogonia japonica Rchb.f.

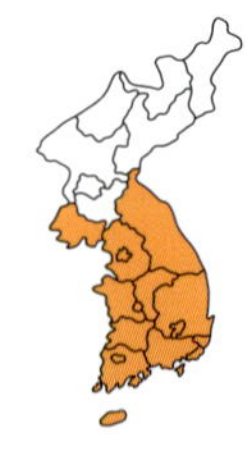

- 이 명 : 큰방울새난초, 큰방울비란
- 개화기 : 5~7월

생육 특성 큰방울새란은 전국 각지에서 자라는 다년생 초본이다. 생육 환경은 햇볕이 잘 드는 습지에서 자란다. 키는 15~30㎝이고, 잎은 한 개가 달리는데 끝이 둔하고 밑부분이 좁아지며 원줄기 중앙에 달리고 날개처럼 되어 있으며 긴 타원형이다. 잎의 길이는 4~10㎝, 폭은 0.7~12㎝이다. 줄기는 가늘며 곧게 서고 뿌리는 길이 1~2㎝로 가늘며 땅속줄기는 곧다. 꽃은 홍자색으로 원줄기 끝에 1개 달리며, 얇은 막은 길이가 2~4㎝, 폭은 0.3~0.6㎝로 씨방보다 다소 길다. 꽃받침 조각은 길이가 약 0.2㎝, 폭은 약 0.4㎝로 긴 타원형 모양으로 끝이 둔하다.

▲ 큰방울새란_ 새순 올라온 모습

6장

▲ 큰방울새란_ 꽃대 올라온 모습

▲ 큰방울새란_ 꽃봉오리

▲ 큰방울새란_ 꽃봉오리 약간 벌어진 모습

▲ 큰방울새란_ 꽃 피기 전

▲ 큰방울새란_ 꽃

꽃잎은 긴 타원형으로 끝이 둔하고 꽃받침보다 다소 짧다. 꽃잎의 입술 부분은 도란형이고 안쪽과 가장자리에 육질의 돌기가 있다. 열매는 10월경에 길이 2~2.5㎝, 폭 약 0.5㎝의 긴 타원형으로 달리며 먼지 같은 종자가 많이 들어 있다.

▲ 큰방울새란_ 종자 결실

6장

관리 및 번식법

| **관리법** | 화분에 재배할 때는 물을 많이 넣고 위에 올려놓으며, 실외에 심을 때는 약한 습지에 심는 것이 좋다.

| **번식법** | 10월경에 달리는 종자를 종이에 싸서 보관 후 이듬해 봄에 이끼를 깔고 위에 먼지 날리듯 뿌리고 물을 줘서 가라앉힌 후 신문지나 비닐로 10~15일 정도 덮어준다. 종자 발아율이 높지 않기 때문에 몇 개체를 얻는 데 만족해야 한다.

03 흰큰방울새란

Pogonia japonica for. albiflora Y.N.Lee

■ 개화기 : 5~7월

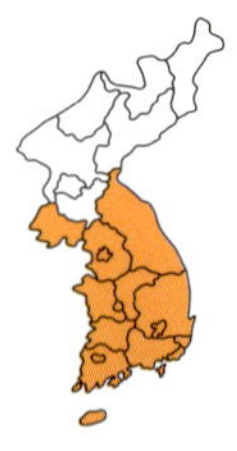

생육 특성

흰큰방울새란은 전국 각지에서 자라는 다년생 초본이다. 생육환경은 햇볕이 잘 드는 습지에서 자란다. 키는 15~30㎝이고, 잎은 원줄기 중앙에 한 개가 달리고 끝이 둔하며 밑부분이 좁아진다. 길이는 4~10㎝, 폭은 0.7~12㎝로, 날개처럼 되어 있으며 긴 타원형이다. 꽃은 흰색으로 원줄기 끝에 1개 달리며, 얇은 막은 길이가 2~4㎝, 폭은 0.3~0.6㎝로 씨방보다 길다. 꽃받침조각은 길이가 약 0.2㎝, 폭은 약 0.4㎝로 끝이 둔하고 긴 타원형 모양이다. 꽃잎은 긴 타원형으로 끝이 둔하고 꽃받침보다 다소 짧다. 꽃잎의 입술 부분은 도란형으로 안쪽과 가장자리에 육질의 돌기가 있다. 열매는 10월경에 달리며 먼지 같은 종자가 많이 들어 있다.

관리및 번식법

| **관리법** | 화분에 재배할 때는 물을 많이 넣고 위에 올려놓으며, 실외에 심을 때는 약한 습지에 심는 것이 좋다.

| **번식법** | 10월경에 달리는 종자를 종이에 싸서 보관하고, 이듬해 봄에 이끼를 깔고 위에 먼지 날리듯 뿌리고 물을 줘서 가라앉힌 후 신문지나 비닐로 10~15일 정도 덮어준다. 종자 발아율이 높지 않기 때문에 몇 개체를 얻는 데 만족해야 한다.

7. 감자난초류

감자난초 · 한라감자난초(두잎감자난초)

감자난초의 종류

감자난초는 1859년(〈Journal of the Linnean Society〉, Botany 3: 27. 1859.)에 명명된 것으로 우리나라에는 감자난초, 한라감자난초(두잎감자난초)의 2종이 자생하는 것으로 알려져 있다.

감자난초는 일반적으로 많은 곳에서 자생하는 종이지만 한라감자난초는 2006년 이창복 박사에 의해 명명되었고 이와 같은 종을 이남숙 교수는 두잎감자난초로 부르고 있다. 이에 국가생물종지식정보시스템에서는 "한라감자난초"와 "두잎감자난초"를 따로 분류하여 등재하고 있는데, 이에 대한 정확한 구명이 필요할 듯하다.

현재 사용되는 명칭 때문에 마치 두 종이 서로 다른 것으로 인식되는 등 다소 혼돈이 있는 듯하다. 이는 Kew Royal Botanic Gardens에서는 한라감자난초와 두잎감자난초를 동일한 품종으로 기술하고 있으며 그 근거로 1935년 Maekawark 발표한 *Diplolabellum coreanum* (Finet) Maek., J. Jap. Bot. 11: 306 (1935)과 *Oreorchis patens* subsp. *coreana* (Finet) Y.N.Lee, Fl. Korea : 1164 (1996).이 동일하다고 기술하고 있는 데서 기인한다.

따라서 본 책에서는 이를 한국고유종으로 인식하여 "한라감자난초"라고 표기하였다.

잎 구분

▲ 감자난초

꽃 구분

7장

▲ 감자난초

▲ 한라감자난초(두잎감자난초)

01 감자난초

Oreorchis patens (Lindl.) Lindl.

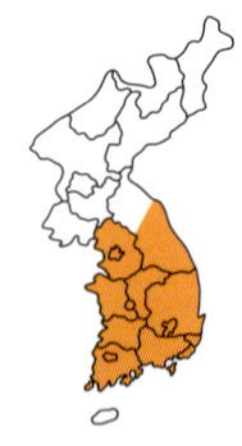

- 이 명 : 잠자리난초, 감자난, 댓잎새우난초, 감자란
- 개화기 : 5~6월

생육 특성

감자난초는 남부지방의 낙엽수가 많은 숲 아래에서 주로 자생하며, 생육환경은 반 그늘진 곳의 물 빠짐이 좋고 비옥한 토양에서 자란다. 키는 30~50㎝이고, 잎은 구경에서 1~2장이 나오는데 약 30㎝가량 될 만큼 크기가 크다. 잎의 폭 또한 넓어 0.5~3㎝가량 되고 주름져 있다. 뿌리는 길이 1.5~2㎝로 가짜비늘줄기는 달걀처럼 생겼다. 꽃은 꽃자루가 있는 여러 개의 꽃이 어긋나게 붙어서 밑에서부터 피기 시작하고 황갈색으로 달린다. 꽃받침조각과 꽃잎은 길이가 약 1㎝ 정도로 길며 뾰족하고 입술모양꽃부리는 아래가 3갈래로 갈라지고 흰색 바탕의 반점이 있다. 열매는 7~8월경에 갈색으로 달리고 씨방 안에는 무수히 많은 종자가 먼지처럼 들어 있다. 감자난초의 꽃은 아래에서 위쪽으로 올라가면서 피는데 다른 난초과 식물에 비해서 크며, 숫자도 많은 편이어서 쉽게 알 수 있는 품종이다.

관리및 번식법

| **관리법** | 비교적 따뜻한 곳에서 자라는 습성을 가지고 있기 때문에 햇살이 강한 곳에 두면 좋다. 가을경에 잎이 지상부에서 사

▲ 감자난초_ 새순 올라오는 모습

▲ 감자난초_ 꽃대 올라오는 모습

▲ 감자난초_ 꽃봉오리

▲ 감자난초_ 꽃

▲ 감자난초_ 꽃 시드는 모습

라지기 때문에 이때부터는 물을 1주일에 한 번씩 주면서 화분을 마르지 않게 하는 것이 좋다. 또한 봄에 개화하기 전 화분에 물이 많으면 뿌리가 상하므로 토양 윗부분이 마르면 관수해줘야 한다.

▲ 감자난초_ 종자 결실

| **번식법** | 결실기는 7~8월이고 씨방이 갈색으로 변해 터지기 전 단계인 녹색에서 갈색으로 변하는 때 따서 솜과 같이 수분을 잘 머금은 곳에 종자를 뿌리면 발아율이 높다. 그밖에 해마다 옆에서 1~2개의 벌브가 생기는데 이것을 분리하여 심는 것이 가장 빨리 개화시킬 수 있는 방법이다.

7장

▲ 감자난초_ 무리

▲ 감자난초_ 전초

02 한라감자난초(두잎감자난초)

Oreorchis hallasanensis Y. N .Lee & K. S. Lee

- 이 명 : 두잎난초
- 개화기 : 6~7월

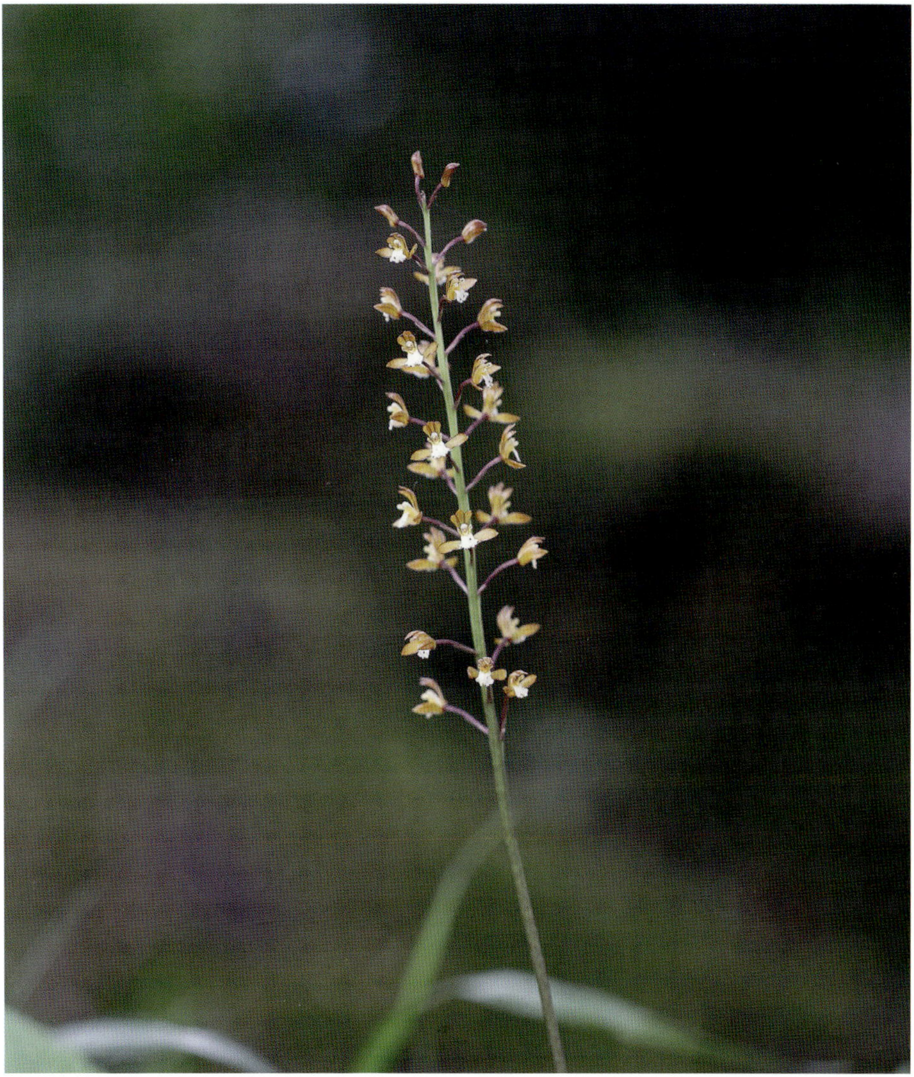

생육 특성

▲ 한라감자난초_ 꽃

한라감자난초는 제주도에서 나는 다년생 초본이다. 생육환경은 습기가 많은 반그늘 혹은 음지의 부엽질이 풍부한 곳에서 자란다. 키는 30~40㎝이고, 잎은 길이가 20~40㎝, 폭은 0.7~3㎝이며 긴 타원형으로 1~2개씩 나오며 양끝이 좁고 짙은 녹색으로, 꽃이 진 후 황색으로 변하며 휴면에 들어가고 8~9월에 새로운 눈(芽)을 내고 월동하여 이듬해에 잎을 올린다. 뿌리줄기는 길이가 1.5~2㎝이고 둥글다. 꽃은 꽃받침과 곁꽃잎은 긴 타원형이며 황갈색이고, 입술꽃잎은 희고, 가운데 찢어진 꽃잎은 자갈색 반점이 있으며, 입술꽃잎 안쪽에 3개의 솟은 줄이 있다. 열매는 8~9월경에 약 길이 2㎝로 방추형으로 달린다.

관리 및 번식법

| **관리법** | 재배법에 대해서는 알려진 것이 없다.

| **번식법** | 알려진 번식법은 없지만 자생지에 많은 개체가 있으면서 군데군데 한 송이씩 나 있는 것을 보면 종자 발아도 어느 정도는 된다는 의미이다. 따라서 일반적인 난과 식물처럼 종자를 이끼에 뿌려 발아시키는 방법도 연구해봐야 할 것 같다. 또한 늦가을에 포기나누기를 해서 개체를 불리는 것도 하나의 방법이다.

8. 해오라비난류

해오라비난초 · 큰해오라비난초

해오라비난의 종류

해오라비난초는 새의 형상을 닮았다고 하여 붙여진 이름이다.

우리나라에 자생하는 해오라비난초류는 두가지로 “해오라비난초”와 “큰해오라비난초”로 구분된다. 이전에는 해오라비난초만 자생하는 것으로 알려졌지만 2010년에 경남의 모처에서 발견되어 2종이 자생하고 있는 것으로 밝혀졌다.

큰해오라비난초는 현재도 그 자생지역이 비밀에 붙여질 만큼 제한적이기도 하다. 일부에서는 원래 우리나라에 자생하는 품종이었는지와 언제부터 이곳에서 살았는지에 대해 이견이 많은 종이기도 하다.

원래 큰해오라비난초는 동남아시아 지역(필리핀, 베트남, 중국, 대만, 캄보디아, 동서 히말라야, 일본 등)의 건조한 땅에서 자라는 것으로 여러 문헌에서 검색되었고, 고도가 600~1,800m 정도인 곳에서 자라는 것으로 보고되고 있다. 하지만 어떤 문헌에도 우리나라에는 없는 품종으로 기술되고 있어 이에 대한 정확한 정보가 필요하다.

일본에서도 건조지역에서 자라는 것으로 보고되고 있는 바 이는 우리나라 자생지 조건과도 매우 흡사하다. 따라서 이 품종은 보고는 되지 않았지만 우리나라에서 원래 자생하며 살아가는 품종이 아니었나 하는 생각이다. 공개되지 않은 곳이어서 주변 일대를 뒤져 생육환경을 조사해본 결과 모든 조건이 외국의 자생지 사례에서 보고된 바와 같았다. 이 사진을 제공한 "아치아빠(닉네임)"님 또한 이와 유사한 견해를 가지고 있었다.

이 두 품종의 가장 큰 차이점은 다음과 같다.

	해오라비난초	큰해오라비난초
개화기	7~8월	8~9월
생육특성	습지	건조한 땅
고도	저지대~고지대	600~1,800m의 중고지대~고지대

잎도 많은 차이를 보이며 꽃을 보면 꽃잎이 찢어진 부분이 해오라비난초는 더 깊고 길게 나타나는 반면 큰해오라비난초는 얕게 찢어져 있다.

잎 구분

▲ 해오라비난초

▲ 큰해오라비난초

꽃 구분

▲ 해오라비난초

▲ 큰해오라비난초

01 해오라비난초

Habenaria radiata (Thunb. ex Murray) Spreng.

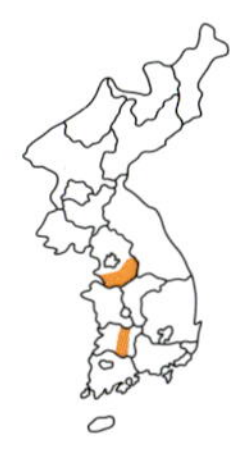

- 이 명 : 해오래비란, 해오리란, 해오라기란
- 개화기 : 7~8월

8장

생육 특성

해오라비난초는 우리나라 중부와 남부의 습지에서 자라는 다년생 초본이다. 생육환경은 햇볕이 잘 드는 습지에서 자란다. 키는 15~40㎝이고, 잎은 길이가 5~10㎝, 폭은 0.4~0.6㎝이고 비스듬히 서고 넓은 선형이다. 줄기는 밑부분에 칼집 모양으로 생긴 잎이 1~2개 있고 털이 없다. 뿌리는 타원형의 구경에서 옆으로 뻗는 지하경이 생기며 다시 끝에 구경이 달린다. 꽃은 흰색으로 지름이 약 3㎝ 정도로 원줄기 끝에 1~2개가 달린다. 꽃받침조각은 길이가 1~1.3㎝로 좁은 달걀 모양이고 입술모양꽃부리는 3개로 갈라지고 아래로 처진 부분은 길이가 약 4㎝ 정도이며, 양쪽 꽃잎 끝은 가장자리가 잘게 갈라진다. 열매는 10월경에 검게 달리며 안에는 먼지와 같은 많은 종자가 들어 있다.

이 품종은 환경부에서 멸종위기종으로 정하여 관리하고 있다.

최근 우리나라에서는 제법 큰 군락을 이루고 있는 곳에 감상을 한다면서 워낙 많은 사람들이 모여들어, 그곳에 서식하고 있는 개체들이 뽑히고 꺾이고 밟히는 수모를 당해 일부 단체에서 자생지를 보호하기 위해 인근의 다른 곳으로

▲ 해오라비난초_ 새순 올라오는 모습

▲ 해오라비난초_ 꽃봉오리

▲ 해오라비난초_ 꽃 피기 전

▲ 해오라비난초_ 꽃(정면)

옮겨 보호하고 있다고 한다. 이처럼 해마다 많은 곳의 자생지가 훼손당하고 있는 것은 안타까운 현실이다. 집에서 키우고자 하는 분들이라면 당연히 외국에서 수입되어 판매되는 원예종을 구입하면 될 것인데 굳이 자생지에서 채집해서 키우려고 하니, 자생지도 몸살을 앓고 식물 또한 몸살을 앓는다. 아름다운 꽃을 감상하는 데에도 이를 지키고자 하는 마음이 수반되지 않는다면 제아무리 아름다운 것을 본다 해도 그것을 제대로 보는 자세가 아니라는 사실을 명심했으면 한다.

▲ 해오라비난초_ 꽃(측면)

관리 및 번식법

| **관리법** | 화분에 재배할 때는 물을 많이 넣고 위에 올려놓으며, 실외에 심을 때는 약한 습지에 심는 것이 좋다.

| **번식법** | 10월경에 달리는 종자를 종이에 싸서 보관한 후 이듬해 봄에 이끼를 깔고 그 위에 먼지 날리듯 뿌리고 물을 줘서 가라앉힌 후 신문지나 비닐로 10~15일 정도 덮어준다. 종자 발아율이 높지 않기 때문에 몇 개체를 얻는 데 만족해야 한다.

▲ 해오라비난초_ 전초

8장

02 큰해오라비난초

Habenaria dentata (Sw.) Schltr.

- 개화기 : 8~9월

생육 특성

큰해오라비난초(가칭)는 경상남도 일부 지역에서 나는 다년생 초본이다. 생육환경은 햇볕이 잘 들거나 반 그늘진 곳의 토양이 비옥하며 배수가 잘 되는 곳에서 자란다. 근연종인 해오라비난초에 비해 꽃받침잎이 꽃잎보다 크고 흰색이며, 부채꼴형의 입술모양꽃부리는 옆부분에 찢어진 꽃잎의 가장자리가 짧게 갈라지고 꽃은 원줄기 끝에 여러 개가 달린다. 열매는 9~10월에 달린다.

일반적인 특징은 잎이 해오라비난보다는 크다는 것이고 꽃의 형태가 옆으로 나온 찢어진 꽃잎이 작게 찢어졌다는 것이다. 일본에서는 여러 군데의 자생지가 보고되고 있으나 우리나라에서는 처음으로 2010년에 발견되어 보고되었다.

우리나라에 자생하는 해오라비난초속(Habenaria) 식물은 6종으로, 대표적으로 '해오라비난초', '제주방울란', '잠자리난초' 등이 분포한다. 해오라비난초속에 속하는 남방계식물로 세계적으로는 중국, 일본을 비롯한 동남아시아 지역에 주로 분포한다.

8장

▲ 큰해오라비난초_ 새순 올라오는 모습

▲ 큰해오라비난초_ 꽃

▲ 큰해오라비난초_ 종자 결실

2010년에 큰해오라비난초는 경상남도 북부지역에서 30개체 정도가 좁은 면적에 국한되어 자라는 것이 확인되었다. 아직 정확한 장소를 공개하지 않고 있는 것은 이 식물에 대한 보호가 시급하기 때문이다. 이곳의 토양은 수분이 많고, 햇볕이 잘 들어 자라기 좋은 조건이다. 하지만 인근에 민가와 농경지가 인접해 있어 자칫 자생지 훼손이 우려되며, 주변 산림이 우거짐으로써 일조량이 줄어들어 생육에 지장을 초래할 위험성도 있다. 이렇게 새로 발견된 품종들은 주변 환경에 대한 면밀한 환경조사가 이루어져야 하고 또한 이를 보호해야 할 의무가 있다.

▲ 큰해오라비난초_ 뿌리

8장

9. 복주머니란류

광릉요강꽃 · 복주머니란 · 털복주머니란

복주머니란의 종류

개불알꽃, 까치오줌통, 오종개꽃 등으로 알려져 있으며 속명인 시프리페디움(Crpripedium)은 비너스(Cypris)+스핍퍼(pedilon)의 합성어로 1753년 린네에 의해 설판의 모양이 'Venus sandal'과 같다 하여 붙여진 이름으로, 영명으로는 레이디슬리퍼(Lady's slipper), 일본에서는 돈성초(敦盛草)라 부른다.

자생하는 종류로는 광릉요강꽃, 복주머니란, 털복주머니란, 흰복주머니란, 노랑복주머니란, 얼치기복주머니란 등이 있다.

광릉요강꽃은 1931년에 우리나라 광릉에서 처음 발견되어 발견지의 이름을 붙였고, 현재는 다른 몇몇 장소에서 발견되기도 하지만 그 수는 많지 않으며 환경부 지정 멸종위기식물 I 급으로 분류하여 철저히 보호하고 있다. 또한 털복주머니란은 현재 모처에서 발견되어 이 지역에 작은 울타리를 쳐서 이 개체를 보호하려 하고 있다. 이 지역은 원래 털복주머니란의 집단자생지였으나 개발로 인해 그 개체가 줄어들었고 한동안 자생지가 알려지지 않다가 2010년경에 알려지면서 이를 보호하기 위해 부득이 울타리를 쳐서 관리하고 있다.

원래 복주머니란은 그 이름이 "개불알란"으로 알려졌으나 어감이 좋지 않아 이름을 바꿨다. 처음 발견되어 개불알란이라는 이름이 붙었을 때는 자생지에서 지린내가 많이 난다는 이유로 그와 같이 이름이 붙여졌다. 이름이 훨씬 더 고운 이미지로 바뀐 것은 좋지만 두 이름을 병행하여 사용하여도 좋을 것 같다는 생각이다.

복주머니란의 전설

아름다움과 풍요의 여신 아프로디테는 끊임없이 사랑을 받아야 하고 누군가를 사랑하지 않으면 견디지 못하는 성격의 소유자였다. 어느 봄날, 아프로디테는 사랑의 파트너를 찾기 위해 신들의 파티에 갔으나 영 마음에 드는 짝이 없었다. 외롭고 답답한 마음에 아프로디테는 지상으로 내려가 여기저기 명승지를 산책하였다. 그러다 이타 산을 자날 때였다. 눈에 띌 만큼 용모가 고운 소년이 양을 돌보고 있었는데, 그는 양치기 소년 안키세스였다. 양들이 풀을 먹다가 다른 곳으로 흩어지면 피리를 불어 양들을 다시 모으는 모습이 여간 사랑스럽지 않았다. 그렇지만 신인 자신이 직접 안키세스 앞에 나타나면 놀라 달아날 것이 뻔했으므로 아프로디테는 숲에 숨어서 기회만 엿보고 있었다. 그때 프리지아 왕의 딸인 오트세우스 공주가 시녀들과 함께 들판에서 꽃을 따는 것이 보였다. 그녀는 예쁜 들꽃들이 담긴 작은 바구니를 들고 있었다.

9장

한편 양치기 소년 안키세스는 우연히 들꽃을 따는 공주 일행을 보게 되었는데 그 광경이 너무 평화롭고 아름다워, 그만 오트세우스 공주에게 한눈에 반해버렸다. 공주는 그가 한 번도 본 적 없는 아름다운 여인이었다. 안키세스는 공주 일행의 주위를 서성이며 공주가 자기를 바라봐주고 말을 건네주기를 간절히 빌었다. 그러나 공주 일행은 안키세스가 있는 쪽에는 일말의 관심도 가지지 않고 그냥 언덕을 내려가버렸다.

이 광경을 숨어 지켜본 아프로디테는 안키세스에게 다가갈 절호의 기회가 왔다고 생각했다. 그리고 바로 오트세우스 공주로 변신하여 멍하니 바위에 앉아 있는 안키세스에게 다가갔다. 안키세스는 허탈감을 잊으려는 듯 피리를 불고 있었다. 그 어느 때보다 슬픈 곡조였다.

아프로디테는 안키세스의 등 뒤에 앉아 연주가 끝나기를 기다렸다. 그리고 한 곡이 끝나자 아름다운 목소리로 말을 걸었다.

"좋은 곡이군요. 정말 아름다운 음악이에요."

놀란 안키세스는 뒤돌아보았다. 가슴을 졸이며 지켜보던 그 아름다운 아가씨가 여기에 와 있다니…….

"아, 네……."

안키세스는 가슴이 두근거려 말을 잇지 못했다.

"저는 프리지아 왕의 딸 오트세우스입니다. 당신이 연주하는 음악이 너무 감미로워 여기까지 왔습니다. 방해했다면 용서하세요."

"아, 아닙니다. 공주님께서 어찌 이런 곳까지……."

"한 곡만 더 들려주실 수 없을까요."

"서툰 솜씨지만 공주님께서 들어주신다면 영광입니다."

안키세스가 부는 피리 소리는 너무나 감미로웠다. 사랑의 노래를 연주하는 안키세스의 등은 따뜻하기만 했다. 아프로디테는 가슴이 설레고 심장이 터질 것만 같았다. 지금까지 그 많은 파트너를 사귀면서 사랑을 즐겼지만 이런 기분은 처음이었다. 둘은 어느덧 하나가 되었다.

그때였다. 언덕 아래쪽에서 여러 사람이 떠드는 소리가 들려왔다. 아프로디테는 신의 직감으로 오트세우스 공주 일행이라는 것을 알아차리고는 너무나 급한 나머지 다음에 만나자는 약속도 하지 못한 채 한쪽 구두가 벗겨진 줄도 모르고 숲 속으로 서둘러 달아났다.

아프로디테의 예쁜 구두는 한 송이 꽃으로 변했는데, 그 꽃은 침실에서 신는 슬리퍼 모양이었다. 바로 자신이 침실에 있었다고 상상했던 것이다. 그 후, 로마에서는 그 꽃을 '베누스의 슬리퍼(Venus's sleeper)'라 불렀으며 지금도 유럽에서는 그렇게 부른다. 베누스의 영어식 발음은 비너스이고, 비너스는 아프로디테의 영어 이름이다. 미국에서는 '숙녀의 슬리퍼(lady's sleeper)' 라고 부른다.

잎 구분

▲ 복주머니란

▲ 털복주머니란

▲ 광릉요강꽃

▲ 노랑복주머니란

▲ 흰복주머니란

꽃 구분

▲ 복주머니란

▲ 털복주머니란

▲ 광릉요강꽃

▲ 노랑복주머니란

▲ 흰복주머니란

01 광릉요강꽃

Cypripedium japonicum Thunb. ex Murray

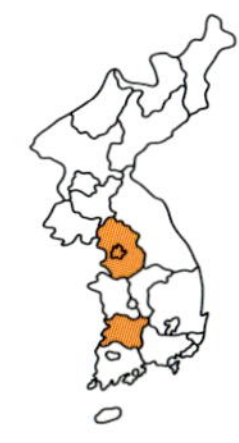

- 이　명 : 광릉복주머니란, 치마난초, 광능요강꽃
- 개화기 : 4~5월

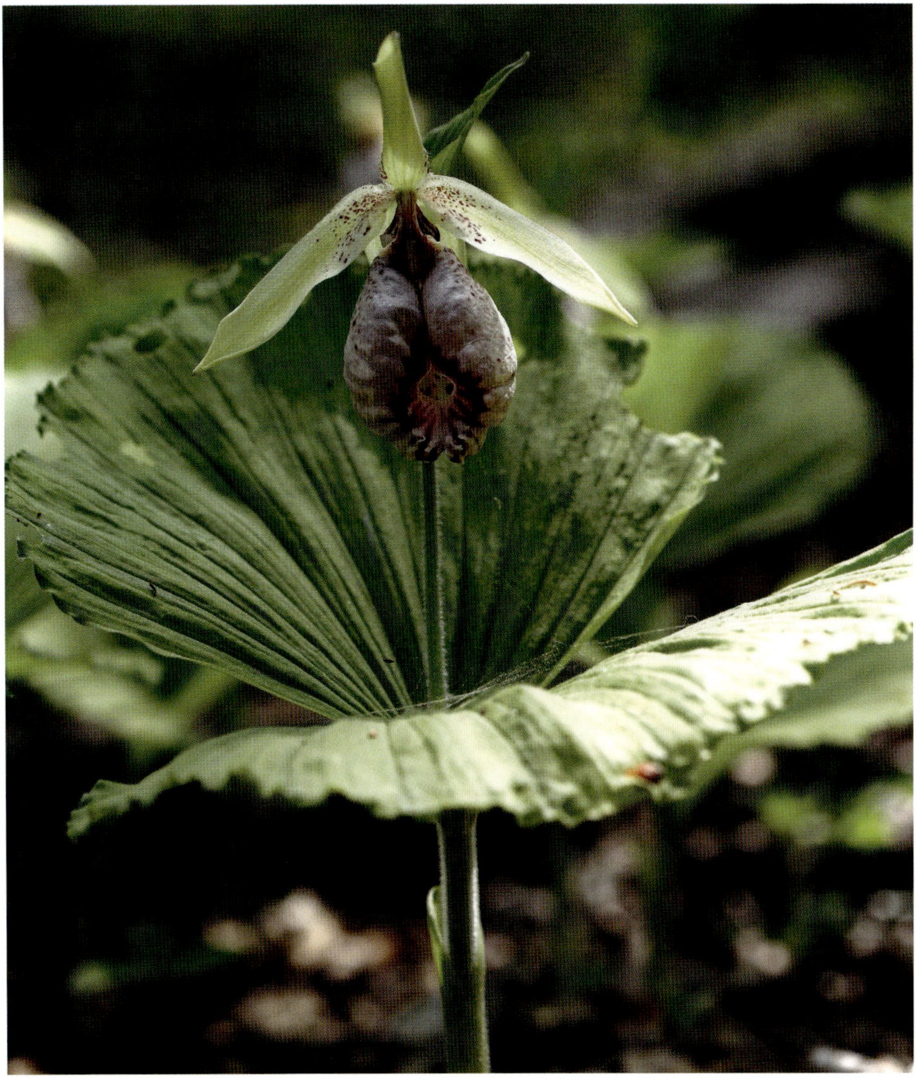

생육 특성 광릉요강꽃은 경기도 광릉의 죽엽산 및 경기 북쪽 지역에서 나는 다년생 초본이다. 생육환경은 반그늘이 진 곳이나 햇볕이 강하게 들어오지 않는 물 빠짐이 좋은 곳의 경사지와 수목이 우거지고 부엽이 많은 토양에서 자란다. 키는 20~40㎝이고, 잎은 부채꼴 모양으로 2장이 마주나는 것처럼 붙어 있고 잎맥은 꽃의 중심을 지나는 면에 대하여 좌우 대칭을 이루고 있으며 깊게 파여 있고 뒷면에는 털이 있다. 줄기는 밑부분에 3~4개의 칼집 모양으로 생긴 잎으로 싸여 있고, 윗부분은 큰 잎 2장이 마주난 것처럼 줄기를 감싸며 좌우로 펼쳐진 원줄기 끝에서 윗부분에 잎 같은 포가 1개 달리고 아래에 꽃이 밑을 향해 지름 약 8㎝ 정도의 연한 녹색이 도는 붉은색으로 달린다. 꽃받침조각 중 윗부분은 끝이 뾰족한 긴 타원형으로 길이가 4~5.5㎝, 폭이 1.2~2㎝이며, 옆 조각은 끝이 2갈래로 갈라진다. 꽃잎은 주머니 모양을 하고 있으며, 입술모양꽃부리는 흰색 바탕에 홍자색의 선명하게 난 선이 있고, 안쪽 밑부분에는 가는 털이 있다. 열매는 8~9월경에 달리며 안에는 작고 미세한 종자들이 많이 들어 있다.

▲ 광릉요강꽃_ 잎

▲ 광릉요강꽃_ 줄기

국내에서는 1931년 경기도 광릉 지역에서 처음으로 발견되었다. 국명은 1969년 이창복 박사에 의해 명명되었는데 꽃 모양이 요강을 닮았으므로 처음으로 발견된 지명을 앞부분에 붙여 지은 이름이다.

2012년에 강원도의 한 농가에서 대량 증식이 이루어졌다는 보도를 접하였고, 산림청 추정 약 800여 개체가 우리나라에 자생하고 있다고 보고되고 있어 개체의 보호가 절실한 실정이다. 현재 이 품종의 자생지는 상당한 훼손으로 인하여 산림청에서 보호하고 있고 일부 지역에서 새로운 자생지가 발견되고 있기도 하다. 대표적인 곳이 덕유산 일대인데 이곳은 현재까지 발견된 자생지 중 가장 많은 개체가 서식하

▲ 광릉요강꽃_ 꽃(정면)

▲ 광릉요강꽃_ 꽃(측면)

고 있는 것을 확인하였다. 다른 지역에서도 일부 자생지가 발견되고 있지만 예전처럼 무분별한 채취가 이루어지면 얼마 남지 않은 자생지에서 그 자취를 보지 못할 수도 있다.

환경부에서는 특산식물로 분류하였고 멸종위기식물 1급으로 분류하여 관리하고 있다.

관리 및 번식법

| **관리법** | 멸종위기식물이어서 집 안에서 키우는 것은 금지되어 있다. 하지만 일부 중국에서 들여오는 품종을 구입하여 심는 경우가 있는데 이렇게 화분에 심은 경우는 햇볕이 잘 들어오지 않는 곳에 두고 물을 2~3일 간격으로 마르지 않을 정도로만 준다.

| **번식법** | 일반적인 번식법은 불가능하다. 소개된 번식법은 다음과 같다.

제목 : 국립수목원 희귀식물 광릉요강꽃 등 대량증식법 '개발 성공'

광릉요강꽃, 복주머니란 대상, 조직배양기술 이용 종자 발아, 줄기 유도에 성공
포천시 소재 산림청 국립수목원(원장 김용하)이 멸종위기식물 1급이자 산림청 희귀식물로 지정된 광릉요강꽃과 복주머니란의 대량증식 개발 연구에 성공했다.
지난 15일 국립수목원에 따르면 광릉요강꽃과 복주머니란의 대량증식을 위한 종자를 이용한 발아와 줄기 유도에 성공했다고 밝혔다.
국립수목원 박광우 박사와 서강욱 연구사, 바보난농원 강경원 박사, 홍종태 연구원 등 연구팀은 "번식이 어려웠던 광릉요강꽃의 종자를 발아하는 데 성공했다"고 밝혔다.
또 복주머니란의 기내상태에서 줄기를 발생시키는 데 성공해 멸종위기식물의 대량증식 문제를 해결할 수 있게 됐다.
광릉요강꽃은 지난 1932년 처음 광릉에서 발견돼 이름이 붙여졌으며 경기도, 강원도, 전남북 등 일부 지역에서 발견되고 있으나 생태계 변화와 남획에 의해 그 수가 현저히 감소해 멸종위기에 직면해 있다.
지난해 6월 국립수목원은 화천 지역에서 광릉요강꽃 보존 및 복원용 시험지를 설치하고 대량증식 복원을 추진해왔다.

2009년 4월 17일 경기북부포커스 이미숙 기자 uifocus@hanmail.net

▲ 광릉요강꽃_ 무리(원 안은 꽃_ 확대)

02 복주머니란

Cypripedium macranthum Sw.

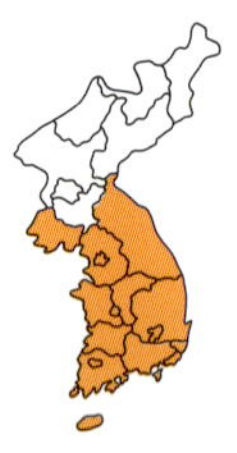

- 이 명 : 복주머니꽃, 개불알꽃, 요강꽃, 작란화, 포대작란화, 복주머니
- 개화기 : 5~7월

생육 특성

복주머니란은 우리나라 각처의 산지에서 자라는 다년생 초본이다. 생육환경은 숲 속의 반그늘이나 양지쪽의 낙엽수 아래 물 빠짐이 좋은 경사지에서 자란다. 키는 30~50㎝가량이고, 잎은 3~4장이 나며 길이는 15~27㎝, 폭은 11~17㎝이고 타원형으로 털이 약간 있으며 어긋난다. 줄기에는 털이 있고 곧게 서며, 뿌리는 옆으로 뻗으며 마디에서 뿌리가 내린다. 꽃은 붉은색으로 원줄기 끝에 1개씩 길이 4~6㎝로 항아리와 같은 모양으로 달린다. 위의 꽃받침조각은 길이 4~5㎝로 달걀 모양이며 끝이 뾰족하고 안쪽 밑부분에 털이 약간 있고 입술모양꽃부리는 안쪽에 긴 털이 군데군데 있으며 길이는 3.5~5㎝로 큰 주머니 모양이다. 열매는 7~8월경에 길이 3~5㎝로 달린다.

처음에는 "개불알란"이라는 이름으로 소개되었는데 이는 자생지 근처에 가면 마치 소변 냄새와 같은 것이 진동을 했기 때문에 붙은 이름이다.

▲ 복주머니란_ 잎

▲ 복주머니란_ 꽃봉오리

▲ 복주머니란_ 꽃

▲ 복주머니란_ 전초(측면)

이 품종은 지금은 거의 찾아볼 수 없을 정도로 귀한 품종이 되었다. 이는 등산로 주변에 피어 있는 꽃들을 상업적으로 이용하려는 사람이나 등산객 들이 채취해간 탓이 크다고 할 수 있다. 얼마 전 잘 알려져 있지 않은 곳에서 발견된 몇몇 개체를 보고 돌아온 적이 있는데 두 해를 넘기지 못하고 이 자생지가 발견되어 지금은 한 개체도 없는 실정이다. 비단 이 품종만의 문제는 아니지만 이런 특정 식물들은 살아가는 방법이 독특한데, 땅속에서 기생하는 수많은 박테리아 중 특정 박테리아가 이들의 생육을 돕고 있는 경우가 많기 때문에 특정한 곳에서만 살아가게 된다. 따라서 채취하여 가져가거나 상업적인 목적으로 판매된 것들은 대부분 2~3년을 넘기지 못하고 고사하는 경우가 많으며, 이는 바로 자생지 환경과의 차이에서 기인한 것이다.

이처럼 특이한 향과 특이한 꽃 형태로 인하여 무분별하게 채취되어 사라지는 품종이 더 이상은 없었으면 하는 바람이다. 인터넷 등에서 검색하면 수많은 종묘 회사에서 원예작물로 유사식물을 개발하여 판매하고 있으므로 이러한 유사식물을 구입하여 키우는 것이 더 좋은 방법이라 생각된다.

9장

관리 및 번식법

| **관리법** | 물 빠짐이 좋은 화단을 이용해야 하며 물을 많이 주면 구근이 썩게 된다. 봄에는 이틀에 한 번 정도 물을 준다.

| **번식법** | 7~8월에 결실되는 종자로 번식하지만 종자 발아율이 낮기 때문에 주로 포기나누기로 번식시킨다. 최근에는 씨를 조직 배양하여 대량으로 번식시키기도 한다.

▲ 노랑복주머니란_ 꽃

▲ 흰복주머니란_ 꽃

▲ 자주복주머니란_ 꽃

▲ 양머리복주머니란_ 꽃

▲ 복주머니란_ 무리

▲ 노랑복주머니란_ 무리

▲ 흰복주머니란_ 무리

▲ 자주복주머니란_ 무리

9장

▲ 양머리복주머니란_ 무리

03 털복주머니란

Cypripedium guttatum var. *koreanum* Nakai

- 이　명 : 애기작란화, 조선요강꽃, 털개불알꽃
- 개화기 : 5~7월

9장

생육 특성

▲ 털복주머니란_ 잎

털복주머니란은 우리나라 강원도, 백두산 일대에서 나는 다년생 초본이다. 생육환경은 반그늘이 진 곳이나, 햇볕의 양이 많지 않고 배수가 잘 되며 유기질 함량이 높은 비탈진 곳에서 자란다. 키는 약 30㎝ 정도이고, 잎은 마주나고 가운데 큰 맥을 중심으로 좌우로 약 3줄이 선명하게 나 있으며 넓은 타원형으로 끝이 뾰족하고 전체적으로 가는 털이 있으며, 지상부에서 약간 뜬 상태의 잎줄기에 붙어 달린다. 줄기는 밑부분에 2~3장의 잎이 붙어 있고 가운데에서 출현하며 전체적으로 가는 섬모가 매우 촘촘하게 달려 있다. 뿌리는 땅속줄기가 옆으로 뻗으며 마디마디에서 뿌리가 내린다. 꽃은 황백색 바탕에 자주색

▲ 털복주머니란_ 꽃

반점이 있으며 지름 3~5㎝로 밑을 향해 달린다. 잎 가운데에서 꽃줄기가 발달해 올라오며 잎 모양으로 생긴 작은 포가 윗부분에 있고 아래에 1개의 꽃이 달린다. 꽃은 윗꽃받침 조각은 끝이 둔하며 길이는 2~2.5㎝이고 넓은 달걀 모양으로 잔털이 있으며, 옆꽃조각받침은 끝이 2개로 갈라지며 길이는 약 1.5㎝ 정도이고 타원형으로 주머니 같은 모양이며 안쪽에 털이 있다. 열매는 8~9월경에 달리며 안에는 미세한 종자들이 많이 들어 있다.

환경부에서는 2011년 6월에 멸종위기종 2급에서 1급으로 상향조정하여 일반인들로부터 자생지를 차단하며 보호하고 있다. 현재 국명은 1996년 고(故) 이영노 박사에 의하여 지어진 것이다.

▲ 털복주머니란_ 무리

10. 사철란류

사철란 · 섬사철란 · 애기사철란 · 털사철란 · 붉은사철란 · 한국사철란

사철란의 종류

우리나라에 자생하는 사철란의 종류는 현재까지 사철란, 섬사철란, 털사철란, 애기사철란, 붉은사철란, 한국사철란(=로제트사철란)이 알려져 있다.

잎이 상록이어서 사철란이란 이름이 붙어 있으며, 잎으로 구분하는 것이 좋다. 그 이유는 꽃이 없을 때에도 잎을 보고 찾을 수 있기 때문이다.

섬사철란은 제주도와 남부 해안가의 일부 지역에서만 개체가 확인되어 이름에 "섬"이란 단어가 들어갔다. 하지만 식물 천이에 의한 것인지 아니면 환경의 변화인지 명확하게 해석할 수는 없지만 최근에는 내륙에도 자생하고 있는 것을 관찰하였다. 이 자생지는 남도지방에서 야생화를 공부하고 있는 분의 도움으로 관찰할 수 있었는데, 자생지 조건 또한 다른 지역과는 다른 특성을 지니고 있었다. 확인된 제주도와 남부 해안의 자생지 생육특성은 주로 낙엽수가 많은 곳에서 자랐

지만 내륙에서 발견된 자생지는 대나무 숲 근처여서 환경이 달랐다.

붉은사철란은 남도 해안에서 제주도보다 해마다 약 15~30일 정도 빨리 개화하는 것을 관찰하였다.

한국사철란은 북한산에서 처음 발견되었고 이 품종은 1997년 출간된 『한국의 난초』에 학명이 *Goodyera coreana* S. Kim으로 되어 있었으나 이후 고(故) 이영노 박사가 *Goodyera rosulacea* Y. Lee sp. nov.란 학명으로 '로젯사철란'이란 이름으로 발표하였다. 아직까지 국가표준식물에 등재되어 있지 않은 품종이지만 많은 곳에서 발견되고 있으며, 이 품종을 관찰한 많은 전문가들은 두 종이 동일한 종이라 확신하였고 최근에는 로젯사철란보다는 한국사철란으로 부르고 있다. 따라서 필자들도 이 책에서는 이 품종을 한국사철란으로 부르기로 하였다.

사철 잎이 푸른 식물은 사계절이 뚜렷한 우리나라에서는 난과 식물의 몇 종을 제외하고는 얼마 되지 않을 정도인데 그중 사철란은 잎의 모양도 품종별로 다르면서 감상하기에는 더없이 좋은 품종들이다.

잎 구분

▲ 붉은사철란

▲ 사철란

▲ 섬사철란

▲ 애기사철란

▲ 털사철란

▲ 한국사철란

꽃 구분

▲ 붉은사철란

▲ 사철란

▲ 섬사철란

▲ 애기사철란

▲ 털사철란

▲ 한국사철란

01 사철란

Goodyera schlechtendaliana Rchb. f.

- 이 명 : 알룩난초
- 개화기 : 8~9월

생육 특성

사철란은 제주도와 울릉도 및 전라남도 도서지방에서 나는 상록 다년생 초본으로 관엽, 관화식물이다. 생육환경은 주변습도가 높고 반그늘이 지며 물 빠짐이 좋고 부엽질이 풍부한 곳에서 자란다. 키는 12~25㎝이고, 잎은 길이가 2~4㎝, 폭은 1~2.5㎝로 좁은 달걀형으로 어긋나고, 잎 한가운데 있는 가장 굵은 잎맥과 그물처럼 얽혀 있는 잎맥에 흰색 무늬가 있다. 줄기는 윗부분의 줄기는 비스듬히 위로 향해 자라고 밑부분은 지상으로 포복하며 마디에는 뿌리가 내려 마디마다 2~3개의 뿌리줄기가 내린다. 꽃은 한 개의 긴 꽃대 둘레에 여러 개의 꽃이 이삭 모양으로 7~15개 정도 달리는데, 꽃 색은 흰색 바탕에 붉은빛이 돌며 한쪽으로 치우친다. 꽃받침잎은 길이가 0.8~1㎝이고, 입술모양꽃부리는 꽃받침과 길이가 비슷하고 밑부분은 약간 부풀며 안쪽에 털이 있다. 열매는 9~10월경에 길이 약 1㎝ 정도로 달린다.

이 품종은 지금까지 도서해안을 중심으로 자라는 것으로 보고되었지만 최근에는 지리산 일원에서도 대규모 군락지가 발견되고 있다.

▲ 달걀형으로 어긋난 사철란 잎

▲ 사철란_ 꽃대 올라온 모습

▲ 사철란_ 꽃대 올라온 모습(무리)

▲ 사철란_ 꽃봉오리

▲ 사철란_ 꽃(측면)

▲ 사철란_ 꽃

▲ 사철란_ 꽃(정면)

관리 및 번식법

| **관리법** | 소나무나 낙엽수가 있는 나무 그늘 아래 심는다. 주변 습도가 높고 물 빠짐이 좋은 곳에서 자라기 때문에 심을 곳에 퇴비를 주고 아래에 돌을 많이 넣고 심는다. 화분에 심을 때는 화분 아래 돌을 많이 넣어 물 빠짐이 좋게 만들어놓은 후 심는데 이때는 땅속줄기가 조금만 들어가게 심어야 한다. 줄기가 땅속으로 너무 많이 들어가면 썩기 때문이다.

| **번식법** | 10월경에 받은 종자를 상토에 이끼나 수태를 올려놓고 그 위에 종자를 뿌린 후 분무기와 같이 구멍이 좁은 도구를 이용하여 물을 준다. 이른 봄에도 동일한 방법으로 하며 파종상에 종자를 뿌린 다음에는 신문이나 비닐로 덮고 15일 정도 지난 후 제거한다. 줄기를 이른 봄이나 가을에 분리하여 심어도 좋다.

▲ 사철란_ 전초

▲ 사철란_ 꽃대

02 섬사철란

Goodyera maximowicziana Makino

- 이 명 : 산닭의난초, 줄사철란
- 개화기 : 7~10월

생육 특성

섬사철란은 울릉도와 제주도의 산지에서 나는 상록 다년생 초본이다. 생육환경은 주변습도는 높고 물 빠짐이 좋은 곳의 토양 비옥도가 높은 곳의 반그늘에서 자란다. 키는 5~10㎝이고, 잎은 길이 2~4㎝, 폭 1~2㎝로 무늬가 없고 가장자리는 주름지며 타원형으로 어긋나고 짙은 녹색이다. 줄기는 밑부분이 길게 땅으로 기고 윗부분은 비스듬히 선다. 뿌리는 마디마디마다 2~3개가 내린다. 꽃은 원줄기 끝에 3~7개 정도가 연한 자홍색으로 한쪽 방향을 향해 달리고 꽃잎은 끝에서 밑부분을 향해 좁아지는 모양으로 중앙부의 꽃받침과 접해 있다. 꽃받침조각은 길이가 0.8~1㎝로 좁은 달걀형이며 입술모양꽃부리는 꽃받침조각과 길이가 비슷하고 안쪽에 털이 있고 끝은 둔하다. 열매는 11~12월경에 길이 1.5~1.8㎝로 달린다.

현재 알려진 자생지와는 달리 내륙에서도 일부 개체가 발견되고 있는데, 기후조건에 의한 것인지 아니면 다른 환경적 요인에 의한 것인지는 아직 밝혀지고 있지 않다.

▲ 섬사철란_ 새순 올라오는 모습

▲ 섬사철란_ 잎

▲ 섬사철란_ 꽃봉오리

▲ 섬사철란_ 꽃 피기 전

▲ 섬사철란_ 꽃(정면)

▲ 섬사철란_ 꽃(측면)

▲ 섬사철란_ 전초

10장

03 애기사철란

Goodyera repens (L.) R. Br.

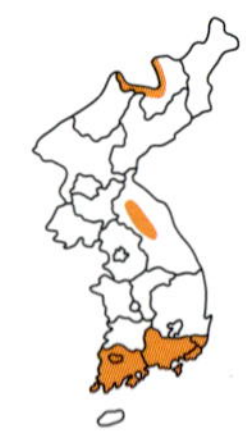

- 이 명 : 산알록난초, 산얼룩난초
- 개화기 : 8월

생육 특성 애기사철란은 경상남도, 전라남도, 설악산, 한라산 및 백두산에서 자라는 다년생 초본이다. 생육환경은 고산지역의 습기가 많으며 배수가 잘 되고 햇볕이 잘 들어오지 않는 부엽질이 풍부한 곳에서 자란다. 키는 10~20㎝이고, 잎은 길이가 1~3㎝, 폭은 0.7~1.8㎝이며, 흰색의 그물 무늬가 있고 줄기 아래에서 달걀 모양으로 어긋나며 달린다. 줄기는 약간 옆으로 뻗으며, 뿌리는 땅속으로 뻗어 나가며 많은 마디가 생기고 마디마다 2~3개의 뿌리가 내린다. 꽃은 흰색 바탕에 갈색이 약간 돌며 5~12개 정도가 줄기 끝에서 한쪽으로 치우치며 달린다. 꽃의 아래에 있는 잎과 같은 것은 꽃보다 짧고 뾰족하며, 꽃받침조각은 달걀 모양으로 길이는 약 0.5㎝ 정도이다. 열매는 9~10월경에 길이 0.8~1.2㎝로 벌어진 형태로 달리며 안에는 먼지와 같은 종자가 무수히 들어 있다.

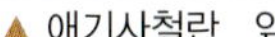
▲ 애기사철란_ 잎

▲ 애기사철란_ 꽃

10장

04 털사철란

Goodyera velutina Maxim. ex Regel

- 이 명 : 자주사철란, 병아리난초
- 개화기 : 8~9월

생육 특성

털사철란은 제주도 한라산에 나는 다년생 초본이다. 생육환경은 주변습도가 높으며 토양 부엽질이 풍부한 반그늘에서 자란다. 키는 10~20㎝이고, 잎은 길이가 2~4㎝, 폭은 1~2㎝로 검은 자녹색이고 잎의 한가운데를 가로지르는 굵은 맥을 따라 흰색 줄이 있으며 벨벳 같은 윤채가 있고 긴 달걀형이다. 줄기는 윗부분은 비스듬히 위로 향해 자라고 밑부분은 지상으로 포복하고 마디에는 뿌리가 내리며, 뿌리줄기 마디마다 2~3개가 내린다. 꽃은 한 개의 긴 꽃대 둘레에 4~10개 정도의 연갈색 꽃이 이삭 모양으로 달리며 한쪽으로 치우치고, 꽃받침잎은 길이가 0.8~1㎝이며, 입술모양꽃부리는 꽃받침과 길이가 비슷하고 밑부분은 약간 부풀고 안쪽에 털이 있다. 열매는 9~10월경에 길이 약 1㎝ 정도로 달린다.

관리 및 번식법

| **관리법** | 알려진 재배법이 없고 재배 또한 어렵다.

▲ 털사철란_ 잎

| **번식법** | 10월경에 종자를 받아 상토에 이끼나 수태를 올려놓고 그 위에 종자를 뿌린 후 분무기와 같이 구멍이 좁은 도구를 이용하여 물을 준다. 이른 봄에도 동일한 방법으로 하며 파종상에 종자를 뿌린 다음에는 신문이나 비닐로 덮고 15일 정도 지난 후 제거한다. 줄기에서 뿌리를 내리기 때문에 뿌리를 내린 줄기를 분리하는 것도 좋은 번식법이 된다.

▲ 털사철란_ 꽃봉오리

▲ 털사철란_ 꽃

10장

▲ 털사철란_ 무리

05 붉은사철란

Goodyera macrantha Maxim.

■ 개화기 : 7~9월

생육 특성

붉은사철란은 제주도와 완도 등 남도 다도해 도서지방에서 나는 상록성 다년생 초본이다. 생육환경은 반그늘의 부엽질이 풍부하고 공중습도가 높으며 물 빠짐이 좋은 곳에서 자란다. 키는 4~8㎝이고, 잎은 길이는 2~4㎝, 폭은 1~2㎝로 긴 달걀형으로 회녹색이며 흰색 무늬가 있고 끝이 뾰족하고 3~4장이 어긋난다. 줄기는 밑부분이 길어지거나 굵어지면서 자라고 옆으로 뻗는다. 꽃은 길이는 2.5~3㎝로 통 같고 붉은빛이 도는 연한 갈색으로 1~3개가 달린다. 꽃대, 자방 및 꽃받침에 꼬불꼬불한 털이 느슨하게 있다. 입술모양꽃부리의 길이는 1.7~2㎝이고 밑부분이 부풀며 안쪽에 털이 있고, 양쪽 가장자리 부분은 끝이 젖혀지고 다소 뾰족하다. 열매는 10~11월에 길이 1.5~1.8㎝로 달린다.

관리 및 번식법

| **관리법** | 반그늘이 진 곳이나 음지의 나무 밑 등 주변습도가 높은 곳에 심는다. 화분에 재배하는 것은 이끼를 깔고 그 위에 뿌리가 활착할 수 있게 줄로 묶고 구멍이 좁은 분무기로 물을 준다.

▲ 붉은사철란_ 새순 올라오는 모습

▲ 붉은사철란_ 꽃봉오리

▲ 붉은사철란_ 꽃(정면)

▲ 붉은사철란_ 꽃(측면)

물은 1~2일 간격으로 준다.

| **번식법** | 정확히 알려진 번식법은 없다. 자생지에서도 종자 번식으로 나온 개체는 몇 개체 되지 않아 종자 발아율이 매우 낮은 것을 알 수 있었다. 또한 괴근이 옆으로 많이 붙어 있어 이를 분리하는 것도 하나의 방법으로 생각된다.

▲ 붉은사철란_ 무리

10장

06 한국사철란

Goodyera rosulacea Y.N.Lee

■ 개화기 : 6~7월

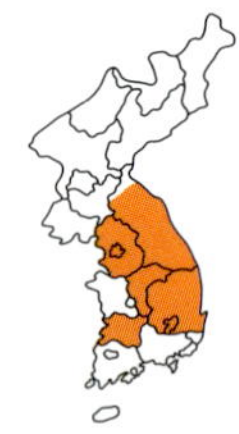

생육 특성 한국사철란은 경북, 전북, 충북, 경기, 강원 등지의 석회암이 많은 곳에 나는 상록 다년생 초본이다. 생육환경은 부엽질이 풍부하고 습한 곳의 경사가 심하지 않은 곳에서 자란다. 키는 20~40㎝ 정도이고, 잎은 길이 3~5㎝, 폭은 1~2㎝로 담녹색이며 줄기의 아래쪽에 4~8장이 로제트형으로 모여 나고 달걀형으로 끝이 뾰족하며, 윗면은 녹색이고 뒷면은 회녹색으로 잎맥은 흰색이 뚜렷하고 그물 같은 형태이다. 줄기는 곧바로 서고 뿌리는 1~6개이며 땅속줄기는 길이 1~2㎝, 폭은 약 0.2㎝ 정도의 마디가 있다. 꽃은 가늘고 긴 꽃대 축에 꽃자루가 없는 작은 꽃 10~24개가 한쪽으로 치우쳐 흰색 또는 갈색을 띠는 흰색으로 달린다. 위꽃받침은 곁꽃잎과 같이 달걀 모양이고 길이는 약 0.4㎝ 정도이며, 입술꽃잎은 옆꽃받침과 수평을 이루며

▲ 달걀형으로 끝이 뾰족한 한국사철란 잎

▲ 한국사철란_ 새순 올라오는 모습

▲ 한국사철란_ 잎

아래로 처진다. 열매는 길이는 0.6㎝, 폭은 약 0.3㎝ 정도의 타원형으로 약간 꼬여 있다.

이 품종은 북한산에서 처음 발견되어 1997년 『한국의 난초』(김수남, 이경서, 교학사, 1997)에서는 "한국사철란"으로 명명되었고 이후 2004년에 고(故) 이영노 박사에 의해 잎이 로제트 형식으로 자란다고 하여 "로젯사철란"으로 명명되었다가 최근에는 다시 한국사철란으로 불린다.

국가표준식물목록에는 아직 미기록종으로 되어 있고 〈로젯사철란(*Goodyera rosulacea*: Orchidaceae)의 분류학적 위치: ITS와 *trnL* 염기서열에 의한 분자적 증거〉(이창숙, 엄상미, 이남숙, 식물분류학회지 36(3) pp.189~207)에 따르면 다수의 고유한 표지 유전자를 가지며, ITS와 *trnL*에서 독립된 종으로 처리하는 것으로 지지하였고, 형태적으로 유사한 애기사철란과 동일한 분계조를 형성하여 가까운 근연분류군임을 나타냈다고 보고하였다.

▲ 한국사철란_ 꽃(정면)

▲ 한국사철란_ 꽃(측면)

▲ 한국사철란_ 전초(작은 사진은 꽃_ 확대)

11. 색을 나타내는 난류

은난초 · 은대난초 · 꼬마은난초 · 김의난초 · 금난초 · 자란

색을 나타내는 종류

난을 형태적으로 분류한 경우에는 생김새와 처음 발견된 곳 또는 색 등에 따라 이름이 지어진 것들이 많다. 색을 나타낸 종류들은 6품종으로 은색, 즉 흰색을 나타내는 은난초, 은대난초, 김의난초, 꼬마은난초가 있고, 황금색인 금색을 나타내는 금난초가 있으며, 붉은색을 나타내는 자란이 있다. 현재 색의 분류는 이렇게 3가지로 나누어 기술한다.

▲ 잎의 길이가 꽃대보다 긴 은대난초

은난초와 은대난초는 가장 흔히 볼 수 있는 품종들이고 이 두 품종을 구분하는 가장 좋은 방법은 잎을 보는 것이다.

1) 은난초 : 꽃대가 제일 위의 잎보다 위로 올라가 있다. 즉 잎의 길이가 꽃대보다 작다.

2) 은대난초 : 꽃대가 제일 위의 잎보다 작다. 즉 이는 잎을 세워서 꽃대를 덮을 수 있다는 것을 의미한다.

두 품종 모두 활짝 핀 꽃을 보지 못하는 것은 동일한데, 일반인들은 완전히 개화하지 않은 꽃봉오리라고 생각하며 지나치는 경우도 많다.

꼬마은난초는 지상부로 올라온 부분의 키가 작지만 땅속에 들어가 있는 줄기는 오히려 지상으로 올라온 것보다 더 길게 뻗어 있다. 단지 보이는 것만 작을 뿐이지 전혀 작은 품종은 아니다. 이 품종은 현재 여러 군데에서 발견되고 있고 개체수도 많다. 일본에서는 국지적으로 자라는 것으로 보고되고 있으며 멸종위기식물로 분류하고 있다.

위 품종들 가운데 가장 많은 논란이 이는 품종이 "김의난초"가 아닌가 한다. 은난초와 유사하여 이를 동일한 종으로 분류하는 경우도 많지만 다른 종으로 분류하는 경우도 많다.

〈Internet Orchid species Photo Encyclopedia〉, 〈The Plant List〉에 보면 이 품종의 서식처는 유럽을 비롯해 러시아와 중앙아시아, 카자흐스탄, 키르기스스탄, 우즈베키스탄, 이란, 아프가니스탄, 중국, 동서부 히말라야, 네팔, 파키스탄 등이고, 높은 곳에 분포하고 있는 것은 고도 2,250~3,100m의 모래언덕이나 석회질 토양의 소나무 숲에 낙엽 숲이 혼재된 삼림지대의 양지바른 곳에 자란다고 보고하고 있다.

현재 보고된 내용으로 봐서는 은난초와 은대난초와는 다른 특성을 가지고 있는 것이 분명해 보인다. 따라서 이 품종은 좀 더 지켜보고 난 후에 정확한 국명이 정해져야 한다고 생각된다.

11장

붉은색 꽃으로 화려한 모습을 한 자란은 남부지방의 해안가 근처에서 주로 자라는 품종이다. 이 품종은 관상가치도 좋고 꽃이 피는 기간도 길어 원예용으로 개발이 많이 된 품종이다. 특히 일본에서는 흰색과 보라색의 꽃이 발견되기도 하며 이를 원예화하기 위해 조직배양을 하여 대량 생산 체계를 마련해 현재 시중에 판매되고 있다.

우리나라에서도 일부 흰색의 개체가 발견되기도 하지만 그 수는 미미한 실정이다.

▲ 화려한 자태를 뽐내는 자란

잎 구분

▲ 은난초

▲ 은대난초

▲ 김의난초

▲ 꼬마은난초

▲ 금난초

▲ 자란

꽃 구분

▲ 은난초

▲ 은대난초

▲ 김의난초

▲ 꼬마은난초

11장

▲ 금난초

▲ 자란

01 은난초

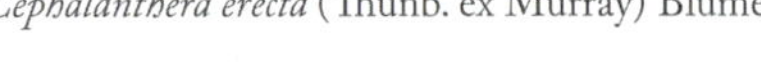

Cephalanthera erecta (Thunb. ex Murray) Blume

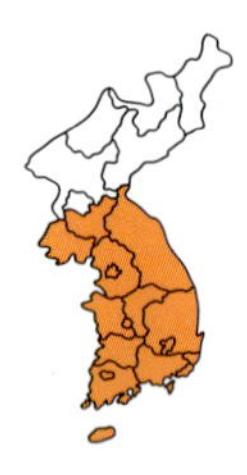

- 이 명 : 은란
- 개화기 : 5월

생육 특성

은난초는 전국의 산과 들에 분포하는 다년생 초본이다. 생육환경은 물 빠짐이 좋은 반그늘 혹은 양지에서 자란다. 키는 40~60㎝이고, 잎은 길이가 3~8.5㎝, 폭이 1~2.5㎝로 긴 타원형이고 끝이 뾰족하고 줄기를 감싸며 어긋난다. 줄기는 털이 없으며 곧게 서고 3~6개의 잎이 어긋난다. 꽃은 흰색으로 길이 2~8.5㎝의 원줄기 끝에 길고 가느다란 꽃대에 꽃자루가 없는 3~10개의 작은 꽃이 조밀하게 달린다. 꽃받침조각은 길이 약 0.8㎝로 뾰족하고 꽃잎은 넓고 뾰족하다. 입술모양꽃부리는 길이가 꽃받침 조각의 약 2/3 정도이며 아래로 돌출된 부분은 짧고 중앙에 찢어진 잎은 5개의 주름이 있고 타원형이다. 열매는 7~8월경에 길이가 약 2㎝, 지름은 약 0.4㎝의 넓은 원통형으로 달리며 안에는 작은 종자들이 많이 들어 있다.

관리 및 번식법

| **관리법** | 부엽질이 많은 흙을 선택하여 물 빠짐을 좋게 한 후 화분에 심는다. 주변에서 흔히 볼 수 있는 품종이지만 화분이나 화단에 심을 때는 그 주변 환경을 맞춰주는 것이 중요하다. 화단

▲ 은난초_ 꽃봉오리

▲ 은난초_ 꽃 피기 전

에 심을 때는 이와 유사한 품종인 은대난초와 금난초, 꼬마은난초 등을 함께 심어 관리하면 같은 시기에 꽃이 피는 형태와 특성을 정확히 알 수 있어 좋은 학습거리가 될 수 있다. 화단에서의 물 관리는 그다지 필요 없지만 화분에서의 물 관리는 봄에는 3~4일, 가을에는 7일 간격으로 준다.

| **번식법** | 종자로 발아시켜 번식하는 것은 힘들고 가을에 포기나누기를 한다. 자생지에서의 종자 발아율도 높지 않다. 이유는 종자가 날릴 때면 여름 고온기가 찾아오고 습도를 유지하기 힘들기 때문이다. 난과 식물들이 통상 발아율이 낮지만 이 품종의 경우는 자생지에서 집단적으로 있는 모습을 거의 찾아보기 힘들 정도로 발아율이 낮다. 따라서 일반적으로 난과 식물을 번식시키는 방법과 같이 종자를 받은 후 이끼와 수태 같은 것을 아래에 깔고 위에서 종자를 흩어 뿌리고 구멍이 좁은 분무기를 이용하여 물을 준 뒤 발아된 개체를 이용해야 한다.

▲ 은난초_ 꽃

▲ 은난초_ 전초(원 안은 꽃)

02 은대난초

Cephalanthera longibracteata Blume

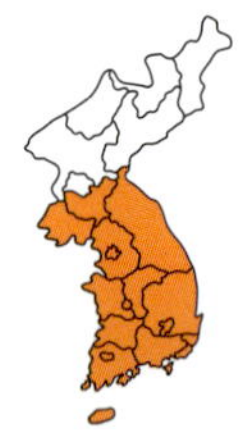

- 이　명 : 은대난, 댓잎은난초, 은대란
- 개화기 : 5~6월

생육 특성 은대난초는 전국 각처의 산지에서 자라는 다년생 초본이다. 생육환경은 반그늘 혹은 양지의 물 빠짐이 좋은 풀숲에서 자란다. 키는 30~50㎝이고, 잎은 길이가 5~15㎝, 폭이 1.5~4㎝로 끝이 뾰족하고, 뒷면과 가장자리에는 털과 같은 작은 돌기가 있으며 긴 타원형으로 어긋난다. 줄기는 곧게 서고 밑부분에 마치 칼집 모양과 같이 줄기를 둘러싸는 잎이 있다. 꽃은 흰색으로 길이는 0.4~0.7㎝이고 완전히 펴지지 않는다. 꽃받침조각은 길이 약 1.1㎝로 뾰족하며 꽃잎은 짧으며 폭이 넓고 입술모양꽃부리는 밑부분에 아래로 돌출된 작은 것이 튀어 나온다. 중앙부의 찢어진 잎은 안쪽에 연한 황갈색의 주름이 있고 심장형이며 끝이 뾰족하다. 열매는 7~9월경에 길이 2~2.5㎝의 갈색으로 달린다.

▲ 은대난초_ 꽃 피기 전

11장

관리 및 번식법 | **관리법** | 부엽질이 많은 흙을 선택하여 물 빠짐을 좋게 한 후 화분에 심는다. 주변에서 흔히 볼 수 있는 품종이지만 화분이나 화단에 심을 때는 그 주변 환경을 맞춰주는 것이 중요하다. 화단에 심을 때는 이와 유사한 품종인 은난초와 금난초, 꼬마은난초 등을 함께 심어 관리하면 같은 시기에 꽃이 피는 형태와 특성을 정확히 알 수 있어 좋은 학

습거리가 될 수 있다. 화단에서의 물 관리는 그다지 필요 없지만 화분에 심은 경우 봄에는 3~4일, 가을에는 7일 간격으로 물을 준다.

| **번식법** | 종자로 발아시켜 번식하는 것은 힘들며 가을에 포기나누기를 한다. 자생지에서의 종자 발아율도 높지 않다. 이유는 종자가 날릴 때면 여름 고온기가 찾아오고 습도를 유지하기 힘들기 때문이다. 난과 식물은 통상 발아율이 낮지만 이 품종의 경우는 자생지에서 집단적으로 있는 모습을 거의 찾아보기 힘들 정도로 발아율이 낮다. 따라서 일반적으로 난과 식물을 번식시키는 방법과 같이 종자를 받아 이끼와 수태 같은 것을 아래에 깔고 위에서 종자를 흩어 뿌린 후 구멍이 좁은 분무기를 이용하여 관수한 후 발아된 개체를 이용하여야 한다.

▲ 은대난초_ 종자(미숙)

▲ 은대난초_ 종자(완숙)

▲ 은대난초_ 전초

11장

03 꼬마은난초

Cephalanthera erecta var. *subaphylla* (Miyabe & Kudo) Ohwi

- 개화기 : 5~6월

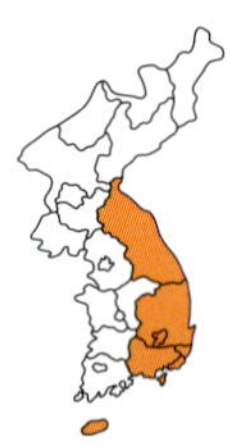

생육 특성

꼬마은난초는 강원도, 경상남도, 경상북도, 제주도의 산지에서 나는 다년생 초본이다. 생육환경은 부엽질이 풍부한 비옥한 숲 속의 반그늘이나 햇볕이 많이 들지 않고 습도가 풍부한 곳에서 자란다. 키는 20~30㎝이고, 잎은 길이가 3~8.5㎝, 폭이 1~2.5㎝로 긴 타원형이고 끝이 뾰족하다. 잎은 줄기를 감싸고 어긋나며 잎이 작거나 거의 없다. 줄기는 곧게 자라고, 밑부분은 흰색을 띠고 위로 갈수록 녹색이 된다. 꽃은 길이가 0.6~1.2㎝, 폭이 약 0.3㎝ 정도이며 흰색으로 원줄기 끝에 3~10개가 이삭과 같이 달리고 꽃이 서로 떨어져 있는 것이 특징이다. 입술꽃잎은 길이는 약 0.5㎝, 폭이 0.8㎝이며 3갈래로 갈라지고, 가운데에 능선이 3~4개 정도 세로로 나 있으며 가장자리는 잔돌기가 있다. 아래로 돌출된 부분은 약 0.2㎝ 정도이다. 열매는 7~8월경에 길이가 약 2㎝ 정도로 달리고 안에는 작은 종자들이 많이 들어 있다. 이른 봄에 피는 은난초와 생김새가 유사하지만 키가 작아 꼬마은난초라고 부른다.

▲ 꼬마은난초_ 줄기

▲ 꼬마은난초_ 꽃봉오리 올라오는 모습

▲ 꼬마은난초_ 꽃(정면)

▲ 꼬마은난초_ 꽃(측면)

▲ 꼬마은난초_ 전초

04 김의난초

Cephalanthera longifolia (L.) Fritsch

- 개화기 : 4~5월

생육 특성

김의난초는 강원도 해안가와 울릉도 일부에서 나는 다년생 초본이다. 생육환경은 주변에 소나무가 많이 있고 토양은 모래로 되어 있으며 물 빠짐이 좋고 햇볕이 잘 들어오는 곳에서 자란다. 키는 50~70㎝이고, 잎은 길이는 8~15㎝, 폭은 2~4㎝로 끝은 뾰족하고 피침형으로 세로로 잎맥이 뚜렷하며 어긋난다. 줄기는 3~5개의 잎이 올라가며 달리고 곧게 선다. 뿌리는 단단하며 땅속줄기는 짧게 옆으로 뻗는다. 꽃은 꽃자루의 길이가 모두 같은 꽃들이 줄기에 달라붙고, 밑에서부터 피기 시작해 위로 올라간다. 꽃의 길이는 1~1.5㎝, 폭은 약 0.5㎝ 정도로 완전히 벌어지지 않고 반쯤 피며 7~22개 정도가 흰색으로 달린다. 꽃받침은 부채꼴 모양의 타원형이고 안쪽으로 약간 말리고 바깥 면에는 잔돌기가 있다. 입술꽃잎은 흰색으로 3개로 갈라지고 중앙의 것은 길이와 폭이 약 0.3㎝ 정도이며 아래로 조금 휘어지며 앞부분은 황색이다. 꽃 아래로 돌출되는 꿀샘은 매우 짧아 밖으로 드러나지 않는다. 열매는 8~9월경에 길이 1.7~2㎝, 폭 약 0.7㎝의 타원형으로 달린다.

▲ 김의난초_ 꽃

이 품종은 처음 발견된 곳이 강원도 모처의 김씨 문중 산소에서 발견되어 이렇게 명명되었고 아직까지 국가표준목록에 등재되어 있지 않은 품종이다. 특정 지역인 강원도 해안가 소나무 숲과 울릉도에서만 자생하며 얼핏 보면 은난초와 은대난초와 유사한데, 꽃대가 잎보다 크고 잎이 줄기를 완전히 감싸고 꽃은 뭉쳐 피며, 꽃 크기도 은난초와 은대난초보다 크다. 하지만 이는 여러 개체가 모여 있을 때 구분이 가능하며 단독으로 피어 있을 때는 구분하는 것이 힘들다. 자생지가 특정 지역에 한정되어 있어 개체의 보존이 절실하나 보호대책은 전무한 실정이다.

▲ 김의난초_ 전초

▲ 김의난초_ 종자 결실된 전초

05 금난초

Cephalanthera falcata (Thunb. ex A. Murray) Blume

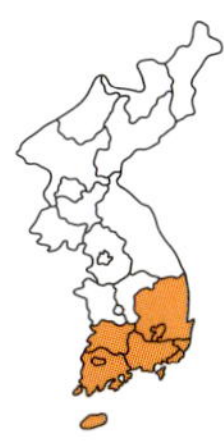

- 이 명 : 금란, 금란초
- 개화기 : 4~6월

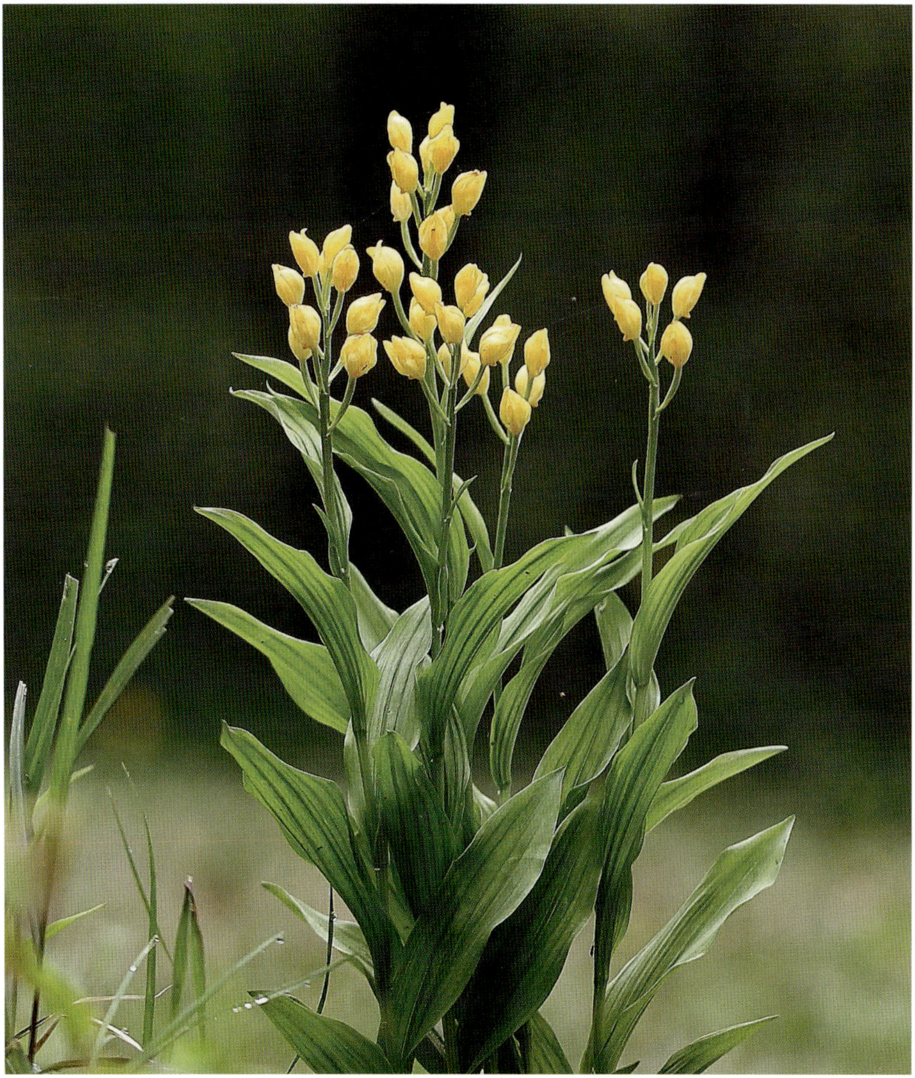

생육 특성 금난초는 우리나라 남부지방에서 자라는 다년생 초본이다. 생육환경은 반그늘 혹은 양지쪽에서 잘 자란다. 키는 40~70㎝, 잎은 긴 타원형으로 줄기를 싸고 있으며 길이는 8~15㎝, 폭은 2~4㎝ 정도로 6~8개의 잎이 어긋난다. 줄기는 곧게 서고 매끄러우며 털이 없다. 꽃은 황색으로 정상부에 3~12개 정도 달리고, 둘러싸고 있는 잎은 길이가 약 0.2㎝ 정도의 삼각형이다. 꽃받침조각은 길이가 1.4~1.7㎝로 타원형이며 끝이 둔하고 꽃잎은 3개이고 꽃받침보다 다소 짧은 듯하지만 거의 비슷하다. 열매는 갈색이며 7~8월경에 긴 타원형으로 달리고 먼지 같은 작은 종자가 많이 들어 있다.

▲ 금난초_ 새순 올라오는 모습

큰 무리를 이루어 피는 것을 관찰할 수는 없었던 품종이고, 최근 들어 중부지방에서도 간혹 발견되는데 이는 지구온난화가 한 요인이 아닌가 생각된다.

▲ 금난초_ 잎

자생난 중 꽃이 큰 편이고, 다른 꽃들처럼 활짝 개화하지 않고 반 정도만 개화한다.

관리 및 번식법

| **관리법** | 양지와 반그늘에서 자라는 품종이어서 집 안에서도 재배 가능하다. 햇볕이 잘 드는 베란다에 두고 관리하면 좋고 화단에 심을 때는 중간 또는 뒤쪽에 심어 관리한다. 오후 햇살이 너무 강하게 들어오는 곳은 피하는 것이 좋다.

| **번식법** | 7~8월에 덜 익은 종자를 받거나 완전히 익은 종자를 받아 파종상에 이끼를 올려놓고 위에서 붓이나 다른 도구를 이용하여 고루 퍼질 수 있게 한다. 이렇게 종자를 뿌린 후에는 구멍이 좁은 분무기를 이용하여 수분이 충분히 공급될 수 있게 신문이나 비닐로 위를 덮은 후 7~15일 뒤에 열어주면 된다. 이후에도 꾸준히 수분 관리를 해야 하며 이때도 분무기와 같은 것으로 입자가 고운 물을 뿌려야 한다. 종자 발아율은 매우 낮은 편이어서 가급적 많은 종자를 뿌려준다.

▲ 금난초_ 꽃봉오리

▲ 금난초_ 꽃봉오리(위에서 본 모습)

▲ 금난초_ 꽃(위에서 본 모습)

▲ 금난초_ 꽃(아래에서 본 모습)

11장

▲ 금난초_ 꽃 피기 전

▲ 금난초_ 전초

06 자란

Bletilla striata (Thunb.) Rchb.f.

- 이 명 : 대암풀, 대왕풀, 백급
- 개화기 : 5~6월

생육 특성

자란은 전남 해남, 진도 및 목포의 일부 지역에서 나는 다년생 초본이다. 생육환경은 물 빠짐이 좋고 햇볕을 많이 받으며 토양의 유기물 함량이 풍부한 곳에서 자란다. 키는 15~60㎝이고, 잎은 길이 20~30㎝, 폭 2~5㎝로 긴 타원형이며, 끝이 뾰족하고 밑부분이 좁아져서 잎의 하단부에서 5~6개가 서로 감싸며 줄기를 둘러싸 원줄기처럼 되고 세로로 많은 주름이 있다. 줄기는 굵으며 곧게 서고 아랫부분에 잎싸개가 2~3개 있다. 뿌리는 길이 2~4㎝로 넓적한 둥근 모양으로 안은 흰색이고 육질성이다. 꽃은 잎 사이에서 꽃줄기가 나와 줄기 끝에 3~7개가 홍자색으로 달린다. 꽃차례를 안고 있는 소형의 잎은 길이 1~3㎝, 폭은 약 0.5㎝로 붉은 자주색이며 꽃이 피기 전에 1개씩 떨어진다. 꽃은 지름이 약 3㎝이며 찢어진 꽃잎은 같은 형태로 길이 2.5~3㎝, 폭은 약 0.7㎝로 끝이 뾰족하며 비스듬히 반쯤 벌어지고 맥이 있다. 입술꽃잎은 윗부분이 넓고 밑부분이 점차 좁아져 달걀을 거꾸로 세

▲ 자란_ 새순 올라오는 모습

▲ 자란_ 줄기와 잎

▲ 자란_ 꽃 피기 전

▲ 자란_ 꽃(정면)

▲ 자란_ 꽃(측면)

▲ 자란_ 종자 결실

운 모양인데, 가장자리가 약간 안쪽으로 말리고 윗부분이 3개로 갈라지며 중앙부의 것은 거의 둥글고 안쪽에 5개의 도드라진 능선이 있다. 열매는 8~11월에 길이 2.5~3.5㎝의 긴 타원형으로 달린다.

관리 및 번식법

| **관리법** | 물 빠짐이 좋은 화분을 만들어 심는다. 화분 깊이는 10~20㎝ 정도면 적당하고 부엽질이 많은 흙을 넣어준다. 화단에

▲ 흰색 자란_ 꽃(정면)

▲ 흰색 자란_ 꽃(측면)

심을 때는 햇볕이 많이 들어오거나 반그늘이 지는 나무 아래 심어 관리한다. 물은 4~5일 간격으로 준다.

| **번식법** | 8~11월에 달리는 종자를 이용하여 번식시키는 방법과 해마다 가을이나 이른 봄에 구근을 분리하여 심는 두 가지 방법이 있다. 먼저 종자를 이용하여 번식시키는 방법은 종자상에 이끼나 수태를 올려놓고 그 위에 종자를 흩어 고루 퍼지게 한 후 분무기와 같이 구멍이 좁은 것으로 물을 주어 종자가 이끼나 수태 안으로 약하게 들어가게 만든다. 그 후 신문이나 비닐을 덮어 약 15일 정도 습도를 유지한 뒤 벗겨내고 일반적인 관리를 한다. 뿌리를 분리하는 방법은 2~3년마다 한 번씩 해줄 것을 권하는데, 이는 해마다 옆에서 자구(새로 생긴 구근)가 생기는 것을 좀 더 키워서 분리하면 이듬해에 꽃을 볼 수 있기 때문이다.

시중에서 쉽게 구입할 수 있는 품종이며, 이는 외국에서 조직 배양을 통해 대량으로 생산한 묘를 수입하여 판매하기 때문이다. 상품화가 이미 되어 나온 품종이니만큼 관리를 잘 하면 해마다 많은 꽃을 볼 수 있다.

▲ 자란_ 무리(원 안은 꽃)

▲ 흰색 자란_ 전초

12. 부생란류

대흥란 · 산호란 · 애기무엽란 · 애기천마 · 으름난초 · 한라새둥지란 · 홍산무엽란 · 천마 · 파란천마 · 무엽란

부생란의 종류

부생란이란 자기 힘으로 광합성을 하여 유기물을 생성하지 않고, 다른 생물을 분해하여 얻은 유기물을 양분으로 생활하는 난을 말한다. 이들 부생란의 줄기나 꽃의 형태를 보면 일반 난과 식물과는 다른 모습을 하고 있는 것을 알 수 있다.

줄기	광합성 작용을 하지 못해 녹색을 띠지 못하고 연한 노란색이나 흰색에 가까운 색을 지니고 있다.
꽃	줄기와 유사하게 일반 난과 식물처럼 화려한 색을 지니지 못하고 노란색 계통과 흰색 계통이 많다.
잎	줄기에 붙어 있는 것은 있으나 형태만 잎이고 뿌리에서 나오거나 지상부로 돌출된 잎은 없다.

이렇게 부생란은 특정 식물이 고사하여 죽은 곳이나 혹은 다른 유기질이 많은 곳의 특정 바이러스가 있어 같이 공생할 수 있는 곳에서만 서식한다. 즉 조건이 매우 까다로운 품종이라 할 수 있다. 이런 부생란의 공통적인 특징은 강한 햇볕에 오랜 시간 노출되면 색이 검게 변하면서 고사한다는 점이며, 또 다른 특징은 주변습도가 매우 높은 곳에서 산다는 것이다. 이는 일반 초본류인 부생식물들이 사는 환경과도 매우 유사한 형태다.

대흥란은 처음 발견된 곳이 전라남도의 대흥산이어서 최초 발견된 곳의 이름을 명명하여 지었지만 다른 곳에서도 많이 자생하고 있는 품종이다. 하지만 해마다 자생지에 들러 확인해보면 확연히 개체가 줄어드는 것을 목격할 수 있다. 이는 환경적인 영향으로도 볼 수 있지만 부생란의 특성상 주변의 나무들이 벌목됨으로써 낙엽들과 함께 공존하는 균류들의 활동성이 저하되어 나타나는 것은 아닌가 생각되는 부분도 있다.

환경부 지정 멸종위기식물 Ⅱ급으로 분류하고 있을 만큼 자생지가 적고 이를 보호하고 자생지를 복원하려면 대량번식체계를 규명해야 하는데, 아직까지는 특별한 방법이 밝혀져 있지 않다.

위에서 언급한 것처럼 부생란은 잎이 없는 것이 특징인데 그래서 이름 붙여진 품종이 "무엽란"과 "홍산무엽란"이다. 우리나라에는 무엽란의 종류가 무엽란, 제주무엽란, 노랑제주무엽란, 홍산무엽란, 애기무엽란의 6가지 품종이 있는 것으로 알려져 있다. 나열된 종류에서 알 수 있듯 모두가 처음 발견된 곳의 지명을 붙여 국명이 지정되었다.

이 무엽란들의 특징은 모두 꽃이 완전히 개화하지 않는다는 것이다. 또한 한곳에 뭉쳐 피어나는 특성을 가지고 있다. 이는 다른 난초류에서는 보기 어려운 모습으로, 균사가 한꺼번에 발아되어 올라오며 일어나는 현상이다.

이들 품종 중 한라새둥지란은 한라산에서 처음 발견되어 명명되었고 최근에는 전라남도에서도 자생지가 발견되었다. 하지만 자생지의 크기는 넓지 않아 각별한 보호가 필요하다.

천마류는 대표적으로 재배에 성공하여 판매되고 있는 품종으로, 약용으로 쓰인다. 간혹 파란천마(예전에는 청천마라 불렀음)가 보이기는 하지만 숫자가 미미한 실정이다.

제주 지역에서 자라는 한라천마와 애기천마는 천마의 원래 모습과 다른 모습을 하고 있다. 특히 한라천마는 꽃이 피었을 때 꽃잎이 완전히 벌어지는 형태를 하고 있고 애기천마는 앞부분이 튀어나오면서 꽃이 약간 벌어진다. 두 품종 모두 키가 작은 품종이어서 쉽게 찾기도 어려울 뿐 아니라 이를 찾으려다가 자칫하면 모두 밟을 수도 있어 각별한 조심이 필요하다.

으름난초는 종자가 결실된 모양이 으름을 닮아서 이름 붙여진 것이고 이 품종도 다른 균사들과 마찬가지로 한꺼번에 발아하여 올라와 많은 곳에서는 약 40~50개체가 한꺼번에 개화하는 곳도 간혹 보인다. 이 품종은 꽃의 수가 많아 그해 꽃에 모든 영양분을 다 보내고 약 2~3년간은 동일한 곳에서 개화하지 않기도 한다.

꽃 구분

▲ 천마

▲ 파란천마

▲ 한라천마

▲ 애기천마

▲ 무엽란

▲ 애기무엽란

▲ 홍산무엽란

▲ 한라새둥지란

12장

▲ 산호란

▲ 으름난초

01 대흥란

Cymbidium macrorrhizum Lindl.

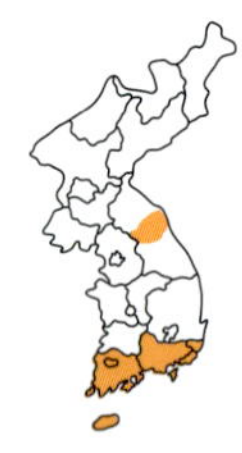

- 이　명 : 두룬란
- 개화기 : 7~8월

생육 특성

대흥란은 전라남도, 강원도 삼척, 전라북도, 경상남도 남해, 제주도에서 자라는 부생식물이다. 생육환경은 햇볕이 많이 들어오지 않으며 토양 부엽질이 많아 푹신한 곳에서 자란다. 키는 10~30㎝이고, 잎은 없으며, 줄기는 담녹색으로 뿌리 끝에서 나서 곧추서고 다소의 털이 있으며, 뿌리는 옆으로 길게 뻗으며 가지를 치고 비늘이 있다. 꽃은 흰색으로 홍자색을 띠고 중앙에는 짙은 자색 선이 있으며, 2~6개가 줄기 끝에 성글게 달리고, 포는 길이가 0.5~1㎝의 막질로 되어 있으며 끝이 뾰족하다. 꽃받침조각은 길이 약 2㎝, 폭 약 0.3㎝ 정도이고 달걀을 거꾸로 세운 것처럼 되어 있고 끝이 뾰족하다. 꽃잎은 긴 타원형으로 꽃받침보다 짧으며, 입술꽃잎은 길이가 약 1.5㎝ 정도이고 쐐기 모양으로 약하게 뒤로 젖혀지며 중앙 하부가 잘록하고 2개의 도드라진 능선이 있으며 끝은 잔물결 모양이다. 열매는 9~10월경에 긴 타원형으로 달린다.

환경부 지정 멸종위기식물 Ⅱ급으로 분류되어 있다.

▲ 대흥란_ 꽃봉오리

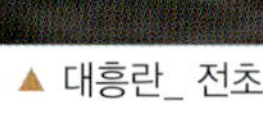

▲ 대흥란_ 전초

▲ 대흥란_ 종자 결실

▲ 대흥란_ 무리

02 산호란

Corallorhiza trifida Chatelain

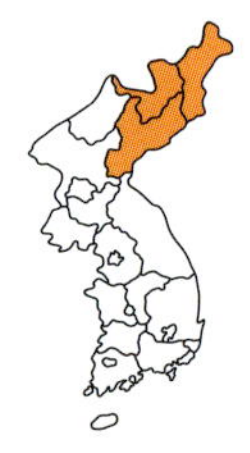

- 이 명 : 나도애기무엽란
- 개화기 : 6월

생육 특성

산호란은 백두산 양강, 함경북도, 함경남도의 고산 침엽수림 아래에서 나는 다년생 부생식물이다. 생육환경은 공중습도가 아주 높은 숲 속의 썩은 나뭇잎 위에서 자란다. 키는 10~20㎝이고, 잎은 없으며 입싸개는 3~4장으로 연한 홍갈색이고 밑동에 있는 엽초의 길이는 1㎝가량이다. 줄기는 붉은 갈색으로 곧추서고 뿌리는 산호 모양으로 갈라지며 다육성이다. 꽃은 긴 꽃대에 여러 개의 꽃이 어긋나게 붙어서 3~18송이가 연노랑 또는 흰색으로 길이 1~6㎝로 밑에서부터 달리고, 짧은 꽃자루가 있다. 등꽃받침과 꽃잎은 긴 피침형이고 길이가 0.4~0.7㎝가량이며 황백색, 녹황색 또는 적갈색이다. 입술꽃잎은 꽃받침과 곁꽃잎보다 약간 짧으며 3갈래로 갈라지고 희며 2개의 붉은 줄과 얼룩무늬 반점이 있다.

▲ 산호란_ 무리

03 애기무엽란

Neottica asiatica Ohwi

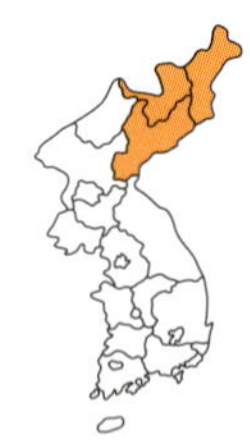

■ 개화기 : 6~7월

생육 특성

애기무엽란은 함경북도, 함경남도(두만강, 차일봉)의 송백류 숲에서 나는 무엽성 부생식물이다. 생육환경은 아고산 침엽수림 밑 이끼가 많아 부엽질이 풍부하며 유기질 함량이 높은 곳의 공중습도가 높은 음지에서 자란다. 키는 10~20㎝이고, 잎은 없으며, 줄기는 털이 없는 연한 황갈색 또는 황록색으로 열매가 맺을 때는 검은색으로 변하고, 잎싸개는 4~5개로 길이가 약 0.5㎝ 정도이고 줄기를 감싸고 뾰족하다. 뿌리는 뭉쳐나고 땅속줄기는 짧다. 꽃은 길이가 5~10㎝인 꽃대에 꽃자루가 있는 14~50여 개의 꽃이 어긋나게 붙어서 밑에서부터 줄기를 따라 위로 올라가며 핀다. 작은꽃자루는 비틀려 있고 입술꽃잎이 위를 향하며 꽃 색은 노란색을 띠는 흰색 또는 갈색이다. 꽃받침과 곁꽃잎은 길이가 약 0.2㎝ 정도이고 끝이 뒤로 휘어지며 뾰족하고, 입술꽃잎은 길이가 약 0.3㎝, 폭은 약 0.2㎝로 달걀 모양이고 가장자리 윗부분이 안으로 말린다. 열매는 8~9월경에 길이 약 0.3㎝ 정도로 달린다.

▲ 애기무엽란_ 꽃

04 애기천마

Hetaeria sikokiana (Makino & F.Maek.) Tuyama

■ 개화기 : 7~8월

생육 특성 애기천마는 전라북도 내장산과 제주도의 죽은 나무에서 나는 부생식물이다. 생육환경은 반그늘 또는 음지의 부엽질이 많고 습도가 높은 고사한 나무에서 자란다. 키는 5~15㎝이고 잎은 없으며 처음 올라온 잎은 얇고 부드러우며 유연한 반투명으로 막과 같은 상태이고, 길이는 0.4~1㎝이다. 줄기는 곧게 서고 길이 0.5~1㎝의 비늘잎 3~10개가 달걀형으로 있고, 뿌리는 약간 흰색의 산호 모양으로 두께는 0.5~1㎝이고 옆으로 뻗으며 단단하다. 꽃은 한 개의 긴 꽃대 둘레에 여러 개의 꽃이 이삭 모양으로 달리며 꽃대의 길이는 3~5㎝로 5~10송이 정도가 길이 0.5~0.8㎝로 연한 황색으로 곧추서서 달린다. 꽃받침잎은 가운데의 것은 길이 약 0.3㎝이고, 옆에 있는 잎은 길이가 0.3~0.5㎝이고, 꽃잎은 넓은 부채꼴 모양이며 입술 모양 판은 길이 약 0.6㎝로 끝부분이 사각형이고 밑부분은 부풀며 안쪽에 둥근 돌기가 2개 있다. 열매는 9~10월경에 길이 약 1㎝의 타원형으로 달린다.

우리나라에서는 멸종위기식물로 분류하여 관리하고 있다.

여름철에 이 품종이 자라는 곳을 가보면 다른 식물들의 키가 워낙 커서 잘 보이지 않는다. 이는 자칫 이 품종을 밟을 수 있다는 것으로, 해마다 이 품종을 보려고 자생지를 찾아가면서 조심하는 부분이기도 하다. 또한 개화기가 워낙 짧아 한 번 찾아가서는 잘 볼 수 없다는 단점도 있다.

12장

관리및 번식법

| **관리법** | 재배하기 어렵다.

| **번식법** | 천마와 유사한 환경에서 자라기는 하지만 아직까지 번식법이 알려져 있지 않다.

▲ 애기천마_ 꽃봉오리

05 으름난초

Galeola septentrionalis Reichb. f.

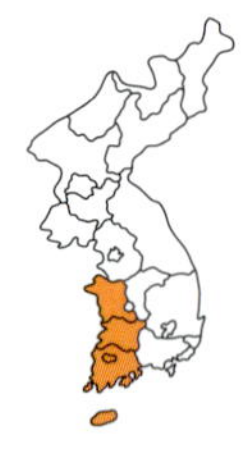

- 이 명 : 개천마, 으름란
- 개화기 : 6~7월

생육 특성

으름난초는 충남 태안군과 전라북도 진안, 전라남도 보성, 영암군, 제주도 일원에서 나는 다년생 기생식물이다. 생육환경은 수림이 우거진 숲 속의 부엽질이 풍부하고 부엽 아래에는 썩은 낙엽수목이 있으며, 낙엽수나 조릿대 군락 속의 습도가 풍부하고 반그늘 혹은 햇살이 오후에 많이 들어오지 않는 곳에서 자란다. 키는 50~100㎝이고, 잎은 뒷면이 부풀고 마르면 가죽같이 되며 삼각형이다. 줄기는 엽록소가 없으며 갈색의 짧은 털이 밀생하고 윗부분에서 가지가 갈라지며 곧게 선다. 뿌리는 옆으로 길게 뻗으며 뿌리 속에는 아밀라리아(armillaria)라는 버섯 균사가 들어 있다. 꽃은 황갈색이고 꽃받침조각은 긴 타원형으로 길이가 1.5~2㎝이고 뒷면에 갈색 털이 있으며 꽃잎은 다소 짧다. 입술모양꽃부리는 넓은 달걀 모양으로 황색이고 안쪽에는 돌기가 있는 줄이 있다. 열매는 육질이며 7~8월경에 길이 약 0.7㎝의 긴 타원형으로 붉게 달리고, 종자에는 날개가 있다.

12장

▲ 으름난초_ 꽃봉오리(원 안은 꽃봉오리_ 확대)

▲ 으름난초_ 꽃

우리나라에서는 멸종위기종으로 분류하여 보호하고 있다.

이 품종은 다년생인데도 불구하고 매년 같은 장소에서 나오지 않고 수년이 지난 후 다시 그 자리에서 올라오곤 한다. 이유는 정확하지는 않지만 꽃송이가 많이 달려, 가지고 있는 양분을 모두 소진해버리기 때문이 아닌가 하는 생각이 든다. 꽃이 뭉쳐서 피는 곳에서는 많게는 20~30개체가 한꺼번에 꽃대를 올리고 한 줄기에서 수백 송이의 꽃이 피고 열매가 달리는데, 이를 위해서는 굉장히 많은 에너지가 필요하므로 자라서 피는 장소에서 모든 것을 소진해버려서 그런 것이 아닌가 하는 생각이다. 부생식물의 특성상 썩은 개체의 균이나 양분으로 살아가는 것이기 때문에 이런 가설이 나오는 것이다.

▲ 으름난초_ 꽃(측면)

▲ 으름난초_ 꽃(위에서 본 모습)

▲ 으름난초_ 꽃(뒷면)

▲ 으름난초_ 종자 결실

▲ 으름난초_ 무리

06 한라새둥지란

Neottia hypocastanoptica Y.N.Lee

■ 개화기 : 5~6월

12장

생육 특성

한라새둥지란은 제주도와 전라남도에서 나는 다년생 부생식물이다. 생육환경은 주변습도가 매우 높고 부엽질이 풍부하며 경사지나 돌이 많은 물 빠짐이 좋은 곳에서 자란다. 키는 6~9㎝이고, 칼집 모양으로 생긴 잎이 3~4장 어긋나고 줄기는 투명한 상아색으로 둥글며 표면이 매끄럽고 털이 없으며 강한 햇볕을 보거나 마르면 검은 갈색으로 변한다. 뿌리는 뿌리줄기가 짧고 뿌리 끝은 통통하게 위로 향한다. 꽃은 긴 꽃대에 꽃자루가 있는 여러 개의 꽃이 어긋나게 붙어서 밑에서부터 피기 시작하여 끝까지 피며, 입술꽃잎은 끝이 2갈래로 갈라지며 진한 미색이다. 포는 3개의 각 모양으로 뾰족하고 씨방은 표면이 갈색을 띠며 달걀형이다. 7~8월경에 꽃송이마다 종자가 달려 맺히며 작고 미세한 씨가 많이 들어 있다.

이 품종은 제주도에서 고(故) 이영노 박사가 발견하여 국명을 정하였다. 원래 한라산에서 처음으로 발견되어 이름을 붙였지만 최근에는 전라남도의 모처에서 자생지가 발견되었다. 그런데 이런 소문이 삽시간에 퍼져 해마다 많은 사람들이 모여들어, 지금은 그 개체수가 줄어들고 있는 실정이다. 또한 사람들이 다니는 길목에 위치하고 있어 보호가 요구되는 품종이다.

▲ 한라새둥지란_ 새순 올라오는 모습

▲ 한라새둥지란_ 꽃봉오리

▲ 한라새둥지란_ 꽃

▲ 한라새둥지란_ 강한 햇볕으로 갈색으로 변함

▲ 한라새둥지란_ 시드는 모습

▲ 한라새둥지란_ 무리

07 홍산무엽란

Neottia nidus-avis (L.) L. C. Rich.

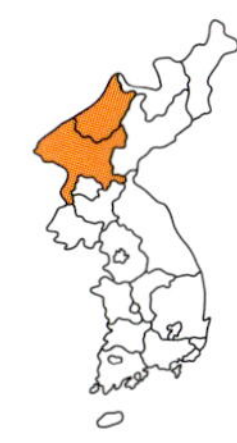

- 이 명 : 새둥지란
- 개화기 : 5~6월

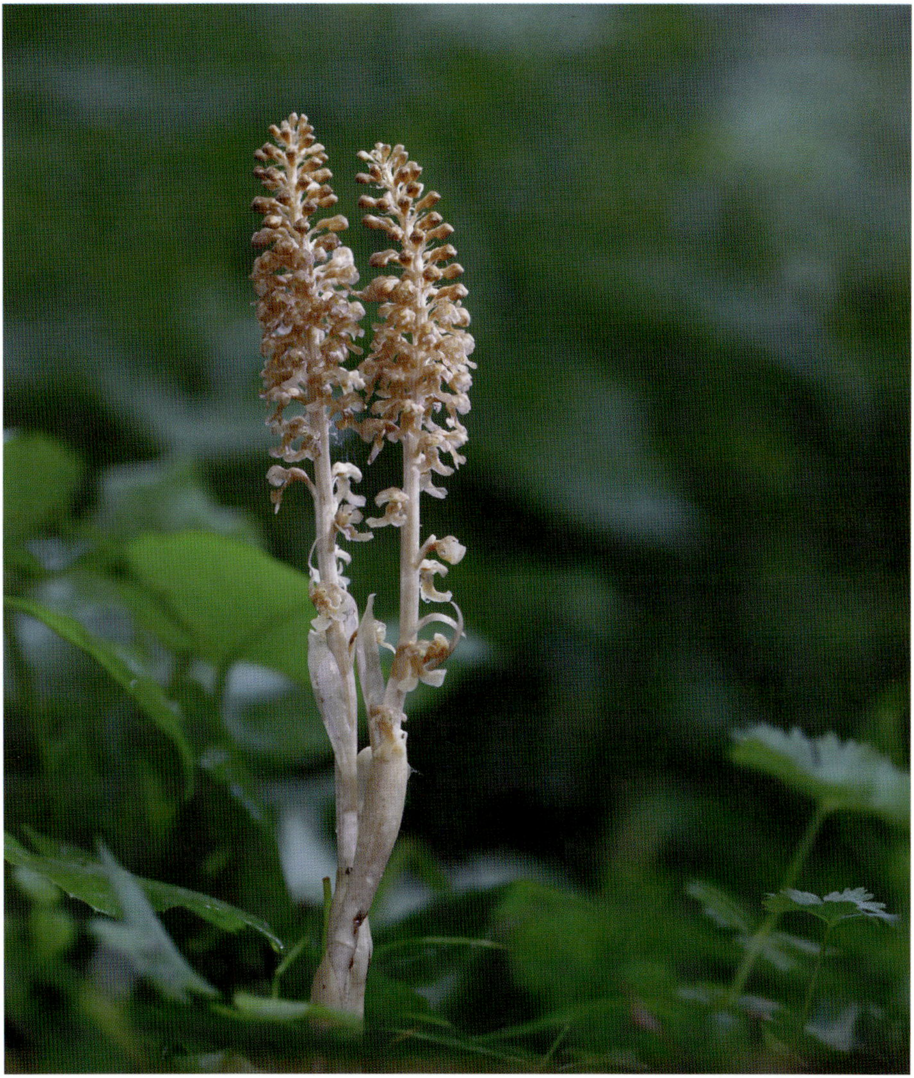

생육 특성

홍산무엽란은 평북(대홍산)에서 나는 다년생 균근식물이다. 생육환경은 나무 아래에서 약한 빛을 받으며 낙엽이 쌓여 부엽질이 아주 풍부하며 주변 상대습도가 높고 배수가 잘 되는 곳에서 자란다. 키는 15~45㎝이고, 잎은 칼집 모양으로 생겼으며 길이가 1.5~4㎝이다. 줄기는 전체가 황갈색이고 얇은 종이 같은 반투명한 막의 재질로 이루어진 칼집 모양의 잎이 어긋나며 윗부분에는 갈색의 짧은 선모가 있거나 혹은 없다. 뿌리줄기는 곧바로 서고 위쪽으로 향하는 많은 뿌리가 식물처럼 더부룩하게 모여 나며 안에는 공생하는 오키오마이시스(Orcheomyces)의 균사가 들어 있다. 꽃은 길이가 0.4~0.7㎝로 오황(汚黃)색이며 긴 꽃대에 꽃자루가 있는 여러 개의 꽃이 어긋나게 붙어서 밑에서부터 피기 시작하여 끝까지 피고, 포는 3각상으로 뾰족하다. 꽃잎과 꽃받침조각은 길이는 약 0.5㎝ 정도이고 거꾸로 선 달걀 모양으로 뒷면은 한 개의 맥이 있고 끝이 둔하며, 입술꽃잎의 길이는 1~1.2㎝로 깊게 2개로 나누어져 있고 둥근 돌출부는 안쪽에 작은 점이 있으며 긴 타원형이고 암술대는 길이가 약 0.4㎝ 정도이다.

▲ 홍산무엽란_ 꽃

▲ 홍산무엽란_ 종자 결실

▲ 홍산무엽란_ 전초

12장

08 천마/파란천마

Gastrodia elata Blume

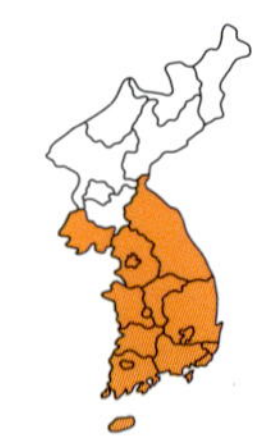

- 이 명 : 수자해좃
- 개화기 : 6~7월

생육 특성 천마는 우리나라 각처의 깊은 산에서 자라는 다년생 초본이다. 생육환경은 습기가 많은 돌 틈과 음지 혹은 반그늘에 참나무류 또는 뽕나무가 쓰러져 썩은 곳에서 자란다. 키는 60~90㎝이고 잎은 없으며, 생선 비늘과 같은 모양을 한 것이 짧게 있고, 황갈색의 줄기가 올라간다. 뿌리는 길이가 10~18㎝, 지름 3.5㎝로 긴 타원형으로 가로로 뻗고 뚜렷하지 않은 테가 있다. 꽃은 황갈색이며(파란천마는 푸른색) 길이 0.7~1.2㎝, 폭 약 0.2㎝로 꽃자루가 있는 여러 개의 꽃이 길이 10~30㎝의 긴 꽃대에 어긋나게 붙어서 밑에서부터 층층이 줄기를 따라 많은 꽃이 달린다. 바깥꽃덮이 3개는 합쳐져 표면이 부풀고 윗부분이 3개로 갈라지고 안쪽에 내꽃덮이가 달려 5개로 갈라진 것처럼 보인다. 입술모양꽃부리는 길이가 약 1㎝ 정도이고 아래로 돌출되어 자라는 것은 가장자리에서 볼 수 있다. 열매는 9~10월경에 길이 1~1.5㎝의 타원형으로 달리고, 종자는 먼지처럼 작은 것들이 검은 씨방 안에 많이 들어 있다. 땅속 덩이줄기는 약용으로 쓰인다.

▲ 천마_ 꽃봉오리

▲ 천마_ 꽃

▲ 천마_ 시드는 모습

▲ 천마_ 종자 결실

▲ 파란천마_ 꽃

▲ 파란천마_ 시드는 모습

관리 및 번식법

| **관리법** | 일부 지역에서 약용 및 식용으로 재배되고 있다. 땅을 깊게 파고 안에는 참나무와 뽕나무를 넣어 덮으면 된다. 물은 3~4일 간격으로 준다. 통상 2~3년이 경과하면 수확한다. 가을이나 겨울에 재배된 것을 수확하는데 이때 땅을 파보면 한 줄기에 많은 천마가 달린 것을 볼 수 있다. 아주 작아 다음에 수확을 해야 하는 것과 바로 수확해도 좋은 것들이 혼재되어 있다. 하지만 이들 작은 개체는 햇볕을 본 후 심으면 다시 자라지 않고 퇴화되어 없어져버린다. 대부분 한 번 수확할 때 참나무 한 개에서 큰 것은 20~30개 이상 수확 가능하고, 작은 것들은 이보다 훨씬 많다.

| **번식법** | 10월에 받은 종자는 이끼에 물을 많이 주어 수분이 많은 상태에서 뿌리거나 이듬해 봄에 동일한 방법으로 하면 된다. 야생에서는 균주가 자연스럽게 떨어져 자라지만 재배할 때는 균을 구입하여 나무에 뿌려준다.

▲ 파란천마_ 전초

12장

▲ 천마_ 전초

09 무엽란

Lecanorchis japonica Blume

■ 개화기 : 6~7월

12장

생육 특성

무엽란은 전라남도와 제주도 한라산에서 나는 다년생 무엽균근 식물이다. 생육환경은 공중습도가 아주 높고 햇볕이 거의 들어오지 않으며 토양은 푹신할 정도로 부엽질이 많이 쌓여 있는 물 빠짐이 좋은 경사지에서 자란다. 키는 20~40㎝이고, 잎은 없으며 몇 장의 짧은 줄기를 둘러싸고 있는 칼집 모양 같은 부분이 있다. 이를 초상엽이라 하며 길이 0.5~0.8㎝로 얇고 부드러우며 반투명으로 되어 있다. 줄기에는 몇 장의 초엽이 붙고 뿌리는 근경으로 단단하며 비늘이 있다. 꽃은 흰색 또는 연한 갈색이 돌며 길이는 1.5~2㎝ 정도로 줄기 끝에 반 정도 벌어진 상태로 몇 송이씩 달리며 약간의 향이 있다. 꽃받침의 갈래는 길이 약 2㎝로 거의 비슷하고 입술모양꽃부리와 더불어 끝에서 밑부분을 향해 좁아지는 모양이다. 열매는 8~9월경에 삼각형의 달걀 모양으로 달리고 길이는 1.5~3㎝이며, 씨방 위의 바깥을 둘러싼 꽃받침은 톱니처럼 갈라지고 길이가 약 0.1㎝ 정도이다.

▲ 무엽란_ 꽃(정면)

▲ 무엽란_ 꽃(측면)

▲ 무엽란_ 씨방 터진 모습

13. 착생란류

나도풍란 · 금자란 · 민금자란 · 석곡 · 지네발란 · 차걸이란 · 콩짜개란 · 풍란 · 혹난초

착생란의 종류

착생란이란 돌이나 나무, 바위에 붙어 살아가는 난을 총칭하여 부르는 말이다. 이들 착생란의 공통점은 주변의 습도가 높다는 것이다. 나무나 바위에는 물기가 많이 없어 착생란들은 뿌리를 길게 늘어뜨리거나 줄기 중간 중간에 기근이라는 것을 내려 주변에서 섭취 가능한 모든 습기를 흡수하며 살아간다.

나도풍란과 풍란은 남해안의 절벽이나 해안가와 인접한 곳의 나무에서 자생하고 있다. 현재 제주도에서는 풍란을 복원하기 위해 습도가 많은 곳의 나무에 붙여놓고 관리하고 있는 실정이기도 하다.

금자란은 남해안의 해안에서 간간히 발견되기도 하지만 지금은 환경의 변화와 건조로 인해 찾아보기 힘든 품종이 되었다.

석곡은 내륙과 가까운 곳의 바위에서도 많이 발견되고 지리산 중턱에서도 발견되고 있어 자생지는 넓은 것으로 파악되었다. 한때는 멸종 위기까지 갔었지만 복원사업을 통해 다시 개체수가 늘고 있기도 하다. 이렇게 멸종 위기까지 가게 되었던 원인은 석곡의 향기에 있다. 바람이 부는 곳에 있으면 석곡향이 강하게 퍼져 일반인들을 유혹하고, 이에 사람들이 너도나도 채취하여 가져가 키우면서 점점 자생지가 훼손되기 시작하였던 것이다.

지네발란은 제주도에 가장 넓은 자생지가 있는 것으로 알려져 있고, 최근에 내륙에서도 넓은 면적의 자생지가 발견되기도 하였다. 이 품종은 여름 고온기가 되면 바위가 너무 뜨거워 일부 뿌리가 상하기도 한다. 지네발란이란 생김새가 마치 지네를 닮았다고 하여 국명으로 정해진 이름이다.

차걸이란은 제주도에 국한되어 나타나는 종으로 알려져 있으며 자생지에서도 찾기 힘들 정도로 개체수가 많이 줄었다. 태풍이 지날 때 강한 바람이 불어 나무에 붙어 있다 떨어져 없어지기도 한다.

콩짜개란과 혹난초는 살아가는 환경이 거의 유사하다. 또한 두 식물 모두 꽃이 너무 작아 얼핏 보면 잘 보이지도 않는 품종이기도 하다.

우리나라에는 이처럼 착생란들의 종류가 많이 있지만 자생지는 점점 줄어들고 있는 것이 안타까운 현실이다.

잎 구분

▲ 지네발란

▲ 콩짜개란

▲ 풍란

▲ 혹난초

▲ 금자란

▲ 민금자란(가칭)

꽃 구분

▲ 석곡

▲ 석곡(흰색)

▲ 지네발란

▲ 차걸이란

▲ 풍란

▲ 나도풍란

▲ 혹난초

▲ 콩짜개란

13장

▲ 금자란

▲ 민금자란(가칭)

01 나도풍란

Sedirea japonica (Rchb.f.) Garay & H.R.Sweet

- 이 명 : 노란나비난초, 대엽풍란, 대풍란
- 개화기 : 6~8월

생육 특성

나도풍란은 제주도와 전라남도 일부 지방에서 자라는 상록 다년생 초본으로 착생식물이며, 관화식물이다. 생육환경은 바닷가의 암벽이나 습도가 높은 나무에 붙어 자란다. 키는 7~15㎝이고, 잎은 길이는 8~15㎝, 폭은 1.5~2.5㎝로 긴 타원형이며, 3~5개가 2줄로 올라가며 마주나게 달린다. 줄기는 짧고 약해서 위로 올라가며 자라지 못하고 옆으로 비스듬히 누운 형태로 자란다. 뿌리는 흰색으로 하얗고 굵은 뿌리가 많이 나와 기근을 형성하며, 암석이나 수피와 같은 다른 물체에 착생한다. 꽃은 뭉쳐서 달리며 연한 백록색이고 길이는 5~12㎝로 꽃줄기가 옆으로 나와서 달린다. 입술모양꽃부리는 꽃받침과 길이가 비슷하며 3개로 갈라지고 달걀을 거꾸로 놓은 것과 유사하며 끝이 둥글다. 옆으로 갈라진 잎은 작고, 가운데 갈라진 잎은 윗부분이 넓고 밑부분이 점차 좁아지며 끝이 둥글고 빗살 같은 톱니가 있으며 옆으로 갈라진 잎과 더불어 연한 홍색 반점이 있다. 꽃 뒷부분에 나온 긴 꼬리와 같은 것은 통 같고 안으로 굽는다.

▲ 나도풍란_ 꽃

가정에 하나씩 키울 만큼 많은 자생종들이 남획을 당해 이제는 우리나라 멸종위기식물 1급이 되었다. 많은 사람들이 복원하려고 노력하고 있지만 환경이 많이 달라져 쉽지 않다. 그러나 다행히 조직배양에 성공해 대량생산을 하면서 곳곳에서 복원하고 있어 품종이 사라지는 일은 막을 수 있을 전망이다.

관리 및 번식법

| **관리법** | 각 가정의 화단에 가장 많이 키워지고 있는 품종 중의 하나다. 화원에서 돌이나 나무에 붙여 판매하고 있다. 식물 특성이 "착생"이어서 이렇게 붙여 키우는데 자생지에서의 생육환경을 이해하면 쉽게 키울 수 있다. 해안가 바위나 나무에 착생하며 파도가 칠 때 날아오는 포말을 습취하며 살아가기 때문에 가정에서 키울 때는 분무기 등으로 입자를 작게 하여 물을 뿌려 키운다.

| **번식법** | 난과 식물은 미세종자여서 일반적인 번식법으로는 종자를 발아시킬 수 없다. 그래서 풍란의 경우 예전부터 조직배양을 통해 번식시키는 것이 일반적으로 알려져 있다. 조직배양은 일반인들이 할 수 없어 9~10월에 종자가 완전히 익으면 따서 파종상에 뿌린다. 파종상에는 상토 위에 이끼를 올려놓고 위에 종자를 날려 이끼와 이끼 사이로 들어가게 한 후 분무기와 같이 구멍이 좁은 도구를 이용하여 위에서 물을 약하게 주고 습도를 유지하게 한 뒤 신문이나 비닐로 덮어두고 15일 정도가 지나면 신문과 비닐을 제거하고 물 관리를 한다.

02 금자란/민금자란

Saccolabium matsuran (Makino) Schltr.

- 이 명 : 금산자주난초, 금산자주란초, 금자난
- 개화기 : 5~6월

13장

생육 특성 금자란과 민금자란은 경남 남해와 제주도에서 자라는 상록성 다년생 초본으로, 착생란이다. 생육환경은 햇볕이 잘 들어오지 않는 곳의 소나무 껍질이나 비자나무에 붙어 자란다. 키는 10~15㎝이고, 잎은 길이가 10~15㎝, 폭은 약 0.4㎝ 정도이고 뿌리에서 올라오며 2줄로 달리며 자줏빛 반점이 있고 어긋나며 긴 타원형으로 육질이 많은 다육식물 잎처럼 두껍다. 줄기는 마디가 많고 짧으며 마디 옆에서 백록색의 실 같은 뿌리인 백근이 나와 나무에 뿌리를 내리며 지탱한다. 꽃은 황록색이고 자줏빛 반점이 있으며 길이는 1~2㎝, 폭은 약 0.4㎝로 잎과 줄기 사이에 2~4개의 꽃이 길이 약 0.9㎝로 밀생하고 둘러싸고 있는 꽃잎은 삼각형이고 끝이 뾰족하다. 입술꽃잎의 아랫부분에 꿀주머니가 있고 안쪽으로 들어가 있는 수술과 약하게 밖으로 돌출된 암술은 짧다. 열매는 8~9월에 달리며 달걀을 거꾸로 세운 모양의 긴 타원형이다.

▲ 금자란_ 잎

▲ 민금자란_ 잎

이 품종은 대부분 열대지방과 같이 습기가 많고 더운 곳에서 자라며 우리나라에서는 제주와 남도 쪽에서 자란다. 난에 대한 수요가 점차 늘어나면서 이를 상업화하는 사람들이 무분별한 채취를 함으로써 지금은 그 명맥을 찾기 어려울 정도로 개체가 줄었으며, 이에 산림청에서는 멸종위기식물로 분류하여 철저히 보호하고 있는 품종이다. 그러나 이러한 정부의 보호정책만으로 귀중한 자원을 보존하기란 쉽지 않은 일이다. 따라서 난을 사랑하고 좋아하는 사람이라면 오히려 자생지를 보호해서 자손만대에 이 아름다움을 물려주는 것이 좋은 일이라 생각한다. 다른 식물보다 특히 난이 많은 위험에 노출되어 있는 것도 안타까운 일이다.

▲ 금자란_ 꽃

▲ 민금자란_ 꽃

▲ 민금자란_ 씨방 맺힌 모습(원 안은 씨방)

▲ 민금자란_ 전초

03 석곡

Dendrobium moniliforme (L.) Sw.

- 이 명 : 석곡란
- 개화기 : 4~6월

13장

생육 특성

석곡은 전라남도 목포, 완도, 경상남도, 제주도 등의 산지에서 나는 상록 다년생 초본이다. 생육환경은 햇볕이 많이 들어오거나 반그늘진 곳의 바위틈에 흙이나 이끼, 수태가 있는 곳에서 자란다. 키는 약 20㎝ 정도이고, 잎은 오래된 개체에는 없고 줄기 마디마디에 잎이 나오지만 오래되면 녹갈색으로 변하며, 길이가 4~7㎝, 폭은 0.7~1.5㎝로 뾰족하며 어긋나고 전체적으로 진녹색을 띠고 있다. 줄기는 뿌리줄기로부터 여러 대가 나와 곧게 자라고, 뿌리는 굵은 뿌리가 흰색으로 나온다. 꽃은 2년 전의 원줄기 끝에 1~2개가 흰색 또는 연한 붉은색으로 달리며 향이 있고 지름은 약 3㎝ 정도이다. 중앙부의 꽃받침조각은 길이가 2.2~2.5㎝, 폭은 0.5~0.7㎝이고 옆부분의 찢어진 조각은 옆으로 퍼진다. 입술모양꽃부리는 약간 짧고 뒤쪽에 꿀샘이 짧게 있다.

이 품종은 향이 은은하게 나며 색의 변이도 많은 품종이다. 1980년대부터 석곡은 돌이나 이끼에 올려 감상하는 이른바 석부작과 목부작에는 빠지지 않는

▲ 석곡_ 꽃

품종이었다. 그만큼 자생지에서의 무분별한 채취가 이루어졌다는 반증이기도 하다. 때문에 자생지는 대부분 매우 심각하게 훼손되었고 일부 사람이 접근할 수 없는 곳에서만 그 모습을 유지하고 있을 정도다. 최근에는 지리산에서도 자생지를 확인하였는데 인적이 드문 곳이라 아직은 개체가 보존되고 있었다.

환경부에서는 이 품종을 멸종위기종으로 분류하여 자생지 보호를 하고 있다.

▲ 석곡(흰색)_ 전초

04 지네발란

Sarcanthus scolopendrifolius Makino

- 이 명 : 지네난초
- 개화기 : 6~7월

생육 특성

지네발란은 전라남도의 신안과 목포, 제주도에서 나는 상록 다년생 초본이다. 생육환경은 해안가 근처의 습기가 많고 햇볕이 잘 들거나 반 그늘진 곳의 나무와 바위에 붙어 자란다. 키는 1~3㎝이고, 잎은 길이가 0.6~1㎝로 가죽질이며 줄기를 따라 좌우로 2줄로 어긋나게 배열되며 딱딱하고 끝이 둔하다. 줄기는 딱딱하고 가늘며 느슨하게 가지가 갈라진다. 꽃은 잎자루가 칼집 모양으로 되고 줄기를 싸고 있는 곳에서 연한 홍색으로 1개씩 달려 나오고 꽃줄기는 약 0.2㎝이며, 아래 잎은 3갈래로 갈라지고 흰색이며 주머니 모양으로 꽃 끝에 달린 돌기가 있다. 옆으로 찢어진 꽃잎은 귀 같고, 중앙에 찢어진 꽃잎은 달걀 모양이며 흰색으로 끝이 둔하고 꽃받침잎은 긴 타원형이다. 열매는 9~10월경에 길이 약 0.6㎝로 거꾸로 된 달걀 모양을 하고 달린다.

▲ 지네발란_ 뿌리

자생지는 점점 확대되고 있는 반면 제주도의 경우는 태풍이 많이 불어 나무에 착생하고 있는 개체들이 많이 떨어지고 있었다. 전라남도 모처의 자생지는 2011년에 거의 훼손되었다고 알려져 안타까움이 더한다. 이 품종은 기후 변화에 의해 점점 남부 해안가로 올라오고 있기 때문에 앞으로 더 철저히 자생지를 보호해야 한다. 우리나라에서는 멸종위기식물로 분류하여 관리하고 있다.

▲ 지네발란_ 꽃대 올라온 모습

▲ 지네발란_ 꽃봉오리

관리 및 번식법

| **관리법** | 돌이나 나무에 붙어 사는 품종이어서 분재를 판매하는 곳에서 많이 판매하고 있다. 이렇게 착생하는 품종은 처음 돌과 나무에 이끼를 올려놓고 뿌리를 실로 고정한 후 분무기와 같이 구멍이 좁은 도구를 이용하여 물을 준다. 바람이 잘 통하는 곳에 두면 좋다.

| **번식법** | 해마다 나오는 새순을 분리하여 번식시키는 방법과 종자를 이용하는 방법이 알려져 있다. 종자는 10월경에 받은 종자를 상토에 이끼나 수태를 올려놓고 그 위에 뿌린 후 분무기와 같이 구멍이 좁은 도구를 이용하여 물을 준다. 이른 봄에도 동일한 방법으로 하며 파종상에 종자를 뿌린 다음에는 신문이나 비닐로 덮고 15일 정도 지난 후 제거한다.

▲ 지네발란_ 꽃

▲ 지네발란_ 꽃(아래에서 본 모습)

▲ 지네발란_ 시드는 모습

▲ 지네발란_ 종자 결실

▲ 지네발란_ 나무에 붙은 모습(원 안은 돌에 붙은 모습)

05 차걸이란

Oberonia japonica (Maxim.) Makino

- 이 명 : 나도제비란, 나도제비난, 차걸이난, 이삭난초
- 개화기 : 4~6월

13장

생육 특성 차걸이란은 제주도 남부에서 자라는 다년생 초본이다. 생육환경은 상대습도가 매우 높고 70% 이상 빛이 차단되어 거의 들어오지 않는 음습한 곳의 나뭇가지 중간 혹은 상단에서 매달려 자란다. 잎은 길이가 1~3㎝, 폭은 0.2~0.5㎝로 긴 타원형이며 뿌리에서 발달하여 약간 육질이고 아랫부분은 줄기를 감싸고 있다. 전체적으로 크고 작은 꽃들이 아래로 향하며 비스듬히 누운 것처럼 자란다. 꽃은 가늘고 긴 꽃대 축에 꽃자루가 없이 노란 빛이 도는 연한 갈색으로 달리고 꽃차례는 길이가 2~6㎝, 꽃대 길이는 1~2㎝이다. 얇은 막은 길이가 약 0.2㎝이고 끝이 뾰족하게 퍼지며 꽃받침조각은 편평하고 끝이 둔하다. 입술모양꽃부리는 둥글고 거꾸로 선 달걀모양이며 끝이 3개로 갈라진다. 열매는 7~8월경에 달걀을 거꾸로 세운 것처럼 달린다.

제주도에서도 자생지가 많지 않아 좀처럼 보기 힘든 품종이다. 태풍의 영향을 많이 받는 제주도의 특성상 나무에 붙어 있다가 떨어지는 경우도 많아, 인위적인 자생지의 훼손도 있지만 자연현상에 의한 훼손도 심각하다. 매년 바람에 떨어지는 개체들은 거의 고사한다고 봐야 할 것 같다. 환경부에서는 이 품종을 멸종위기종으로 분류하여 철저히 보호하고 있다.

▲ 차걸이란_ 꽃

▲ 차걸이란_ 무리

13장

06 콩짜개란

Bulbophyllum drymoglossum Maxim. ex Okub.

- 이 명 : 덩굴난초, 콩짜개난
- 개화기 : 5~6월

생육 특성

콩짜개란은 전라남도와 제주도에서 나는 상록 다년생 초본이다. 생육환경은 공중습도가 높은 곳의 바위에 착생하며 주변에 나무가 있어 강한 햇볕을 막아주는 곳에서 자란다. 키는 2~4㎝이고, 잎은 길이 0.7~1.3㎝, 폭 0.5~1㎝로 거꾸로 선 달걀 모양으로 끝이 둥글고 밑부분이 뾰족하게 어긋난다. 줄기는 가늘고 2~3마디마다 잎이 달리며 뿌리는 잎이 난 곳에서 기근(줄기에서 뻗어 나오는 뿌리)이 내린다. 꽃은 지름이 약 1㎝ 정도로 연한 황색으로 옆을 향해 달리고 꽃줄기는 길이 0.7~1㎝이다. 꽃받침조각은 길이 약 0.7㎝로 긴 타원형이며 꽃받침 길이의 1/3 정도이다. 입술모양꽃부리는 밑부분이 암술대 밑의 꼬부라진 부분과 연결되어 있다. 열매는 7~8월경에 길이 약 0.6㎝의 달걀 모양으로 달린다.

▲ 콩짜개란_ 새순 올라오는 모습(원 안은 잎)

▲ 콩짜개란_ 꽃봉오리

▲ 콩짜개란_ 꽃

세계에 약 700종, 우리나라에는 2종이 분포한다. 아직까지 많은 자생지가 알려져 있지 않고 분포가 넓지 않아 산림청에서는 멸종위기식물로 분류하여 보호하고 있는 종이다.

잎을 보면 마치 콩짜개덩굴과 매우 흡사하게 생겼으나 자라는 환경은 많은 차이가 있다. 이 품종은 최근 전라남도의 내륙에서도 발견되고 있는데 이에 대한 많은 연구가 필요한 부분이다. 주로 해안에서 자라는 품종이 내륙으로 들어오는 경우는 극히 드문 일이어서 환경의 변화에서 기인한 것인지 아니면 또 다른 요인이 있는지에 대한 생태환경 조사도 필요하다 하겠다. 이렇게 나무나 돌에 붙어 살아가는 품종들은 관상가치가 높아 난 애호가들 사이에서 많이 재배되고 있다.

▲ 콩짜개란_ 꽃(측면)

▲ 콩짜개란_ 꽃(시드는 모습)

▲ 콩짜개란_ 무리

07 풍란

Neofinetia falcata (Thunb. ex Murray) Hu

- 이 명 : 꼬리난초
- 개화기 : 7월

생육 특성

풍란은 우리나라 남부의 바위나 나무에 붙어 사는 상록 다년생 초본이다. 생육환경은 주변습도가 높고 햇볕이 잘 들거나 반그늘인 곳의 바위나 나무의 이끼가 많은 곳에서 자란다. 키는 약 10㎝이고, 잎은 길이 5~10㎝, 폭이 약 0.7㎝로 가늘고 긴 모양을 하고 있으며 짧은 마디에서 2줄로 어긋나게 달리고 활처럼 아래로 굽어 있다. 꽃은 순백색으로 잎겨드랑이에서 나온 꽃줄기는 길이가 약 3~10㎝이고 끝에 3~5개의 꽃이 달린다. 꽃잎은 3개는 위를 향해 올라가 있고 2개는 아래로 처져 있으며 새의 꼬리 같은 부분인 꿀샘은 길이 약 4㎝로 길게 뒤로 휘어져 앞으로 향해 달린다. 열매는 10~11월경에 길이 약 3㎝로 길게 달리고 안에는 먼지와 같은 작은 종자들이 많이 들어 있다. 우리나라 멸종위기 Ⅰ급으로 분류된 보호종이다.

▲ 풍란_ 잎

13장

관리 및 번식법

| **관리법** | 돌에 붙어 사는 착생란이기 때문에 화분용으로 적합하다. 이끼와 시중에서 파는 수태를 이용하여 돌에 붙여 재배한다. 예전부터 이 품종은 시중에서 많이 판매되고 있는데 이는 자생지에서의 채집에 의한 것이 아니라 조직배양을 통해 대량으로 생산하여 생산자들이 판매한 것이다. 관상가치가 높은 종이기 때문에 어린 묘종을 구입하여

▲ 풍란_ 꽃(정면)

▲ 풍란_ 꽃(측면)

▲ 풍란_ 나무에 붙어 있는 모습

돌에 붙여도 좋다. 물은 1~2일 간격으로 분무기를 이용하여 여러 번 준다.

| **번식법** | 종자는 많지만 발아율이 낮아 일반인들이 번식시키기는 힘든 품종이다.

▲ 풍란_ 바위에 붙어 있는 모습

08 혹난초

Bulbophyllum inconspicuum Maxim.

- 이 명 : 보리난초, 혹란
- 개화기 : 6~7월

생육 특성

혹난초는 다도해 등 남쪽의 섬에서 자라는 상록 다년생 초본이다. 생육환경은 상록수림 내의 햇볕이 잘 들어오지 않는 곳의 나무껍질이나 바위에 붙어 자란다. 잎은 길이가 1~3.5cm, 폭은 0.6~0.8cm로 긴 타원형이며 끝이 둥글거나 오목하고 중앙에는 7~9개의 뚜렷한 맥이 있으며 육질로 되어 있다. 줄기는 위경에 1~2장의 잎이 붙어 있다. 뿌리는 뿌리줄기가 옆으로 뻗고 헛알줄기(위인경, 僞鱗莖)가 달려 있으며 헛알은 달걀 모양이고 길이는 0.6~0.8cm이다. 꽃은 헛알 옆에서 자란 꽃줄기 끝에 지름이 약 0.6cm 정도로

▲ 혹난초_ 잎

13장

▲ 혹난초_ 새순 올라오는 모습

▲ 혹난초_ 꽃

▲ 혹난초_ 전초

1~3개씩 황백색으로 달리며 둘러싸고 있는 막은 길이 약 0.2cm 정도의 얇은 막질이고 긴 타원형이다. 꽃받침잎은 길이가 약 0.3cm 정도이고, 중앙에 찢어진 잎은 약간 짧으며 꽃잎은 중앙부의 꽃받침과 거의 같고 가장자리에 털이 있다. 입술모양 꽃잎은 두껍고 달걀 모양이며, 꽃술대는 아래에서 나온 돌기 끝에 달리고 윗부분이 젖혀진다. 열매는 9~10월경에 길이 약 0.7cm 정도로 달린다.

멸종위기종으로 분류되어 있으며 자생지가 넓지 않은 관계로 각별한 보호가 필요하다. 헛알줄기의 모양이 혹 또는 보리 같기 때문에 혹난초 또는 보리난초라고 한다. 종명 인컨스피컴(inconspicuum)은 라틴어의 "현저(顯著)하지 않다"라는 뜻으로 꽃이 작고 잘 보이지 않는다는 뜻이다.

관리 및 번식법

| **관리법** | 알려진 재배법은 없다.

| **번식법** | 알려진 번식법은 없다. 자생지 환경을 보면 어느 정도 번식이 가능할 것으로 생각되는데 이는 가을이나 이른 봄에 헛알줄기를 분리하여 심는 방법이다. 종자 발아는 바위나 나무에서의 새로운 개체가 얼마 없는 것으로 봐서는 어려울 것으로 보고 있다. 단지 헛알을 중심으로 새로운 개체가 많이 생겨나는 것을 보면 헛알을 이용하여 번식하는 것이 가장 좋은 방법이라 생각된다.

14. 리파리스류

나나벌이난초 · 나리난초 · 옥잠난초 · 큰꽃옥잠난초 · 키다리난초 · 흑난초

리파리스(Liparis)의 종류

리파리스류의 꽃 모습은 작은 곤충의 암컷 모양을 하고 있는데 이는 곤충을 유인하기 위한 것으로 보인다.

학명에서 나타나는 Liparis는 희랍어의 Liparos에서 유래하였으며 이는 잎에 윤기가 많이 있고 빛난다는 데서 유래하였다.

자생하는 난초 중에 종을 분류하기 까다로운 품종 중의 하나이다. 현재 알려진 종은 계우옥잠난초, 나나벌이난초, 나리난초, 날개옥잠난초, 옥잠난초, 참나리난초, 큰꽃옥잠난초, 키다리난초, 한라옥잠난초, 흑난초로 총 10종이 알려져 있는데, 그중 6종을 소개한다.

이 품종들의 특징은 대부분 습도가 높은 곳의 배수가 잘 되는 곳이며 토양의 유기질 함량이 높은 곳이라는 것이다. 품종을 구분할 때는 크게 2가지로 구분하는데 하나는 나리난초계열과 또 하나는 옥잠난초계열이다.

이 두 계열을 구분할 수 있는 것은 윗부분에 달린 약모(사진 참조)이며 잎으로 구분하기에는 어려운 부분이 많이 있다. 나리난초와 많이 혼돈하는 키다리난초의 두 품종 비교에서는

구분 \ 계열	나리난초 계열	옥잠난초 계열
약모	뾰족하다	둥글다
꽃색	자주색이 강함	녹색계열(품종에 따라 유색이 있음)

잎의 주름 여부가 포인트다. 나리난초는 잎에 주름이 많은 반면 키다리난초는 밋밋하여 구분하기가 편하다.

▲ 끝이 뾰족한 나리난초 약모

▲ 끝이 둥근 옥잠난초 약모

나나벌이난초와 옥잠난초는 주변에서 가장 흔히 볼 수 있는 품종으로 나나벌이난초는 꽃 모양이 벌과 흡사해서 "벌이"라고 지었으며 이는 형태적인 모습으로 국명이 정해진 품종 중 하나이다.

큰꽃옥잠난초는 한동안 참나리난초로 오인되어 불렸는데, 두 품종 모두 고산지역에서 자라는 특성을 가지고 있으며 주로 북부지역에서 자라서 오인되었던 종이다.

이 종의 이름은 2008년 이남숙에 의해 붙여졌으며 일본에서는 2007년에 신종으로 발표하였고 우리나라 국가표준식물목록에는 아직까지 등재되어 있지 않은 품종이다.

리파리스종 중 유일하게 제주도에서만 관찰할 수 있는 품종이 흑난초이다. 이 품종은 외부인들의 접근을 허락하지 않을 정도로 숲이 우거지고 햇볕이 잘 들지 않는 곳에서 자라는 특징이 있다.

잎 구분

▲ 나나벌이난초

▲ 나리난초

▲ 옥잠난초

▲ 큰꽃옥잠난초

▲ 키다리난초

▲ 흑난초

꽃 구분

▲ 나나벌이난초

▲ 나나벌이난초_ 녹화

▲ 나리난초

▲ 옥잠난초

▲ 큰꽃옥잠난초

▲ 키다리난초

▲ 흑난초

01 나나벌이난초

Liparis krameri Franch. & Sav.

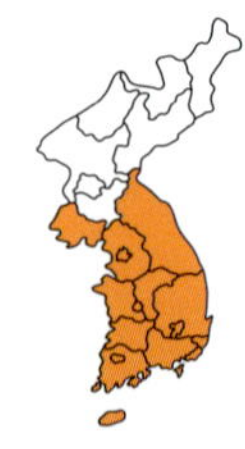

- 이 명 : 나나니난초, 애기벌난초, 나나리난
- 개화기 : 6~7월

생육 특성 나나벌이난초는 각처의 숲 속에서 나는 다년생 초본이다. 생육환경은 부엽질이 풍부하고 물 빠짐이 좋은 나무 아래의 반그늘에서 자란다. 키는 10~25cm이고 잎은 길이는 3~10cm, 폭은 2~5cm로 뿌리에서 나온 2장이 넓은 타원형으로 되어 있으며 가장자리에는 작은 주름이 있고 끝이 갑자기 뾰족해진다. 뿌리는 녹색으로 마른 잎줄기에 싸여 있고 거의 지상에 노출되어 있다. 꽃은 연한 녹색 혹은 자갈색으로 10~15개가 원줄기를 따라 올라가며 달린다. 감싸고 있는 얇은 막은 길이가 약 0.1cm로 옆으로 퍼지며 뾰족한 머리의 형태는 삼각형 모양을 하고 있으며, 꽃받침조각은 길이가 1.1~1.4cm로 선처럼 가늘고 길며, 꽃잎은 길이가 약 0.9cm로 밑으로 처져 있다. 입술모양꽃부리는 길이가 약 0.8cm로 아래로부터 약 1/4 정도에서 구부러져 퍼진다. 열매는 9~10월경에 길이 약 1cm 정도의 긴 타원형으로 달리며 씨방에는 먼지와 같은 작은 종자들이 무수히 들어 있다.

▲ 나나벌이난초_ 새순 올라오는 모습

▲ 나나벌이난초_ 잎

▲ 나나벌이난초_ 꽃봉오리

▲ 나나벌이난초_ 꽃(정면)

▲ 나나벌이난초_ 꽃(측면)

▲ 나나벌이난초_ 시드는 모습

관리및 번식법

| **관리법** | 나무가 있으면서 그늘진 곳에 심는다. 토양은 부엽질이 많은 퇴비를 사용하고 아래는 큰 자갈을 넣어 물 빠짐이 좋게 한 후 심는다. 화분에 심어서 키워도 좋은데 봄부터 베란다와 같이 햇볕이 많이 들어오고 바람이 잘 통하는 곳에 두고 여름에는 반 그늘진 곳에 놓는다. 물은 2~3일 간격으로 준다.

| **번식법** | 난과 식물들이 대부분 그렇듯 이 품종도 아주 미세한 종자를 가지고 있어 파종상에 이끼를 약하게 덮은 후 그 위에 종자를 뿌려 물을 약하게 준 후 종자가 이끼 안으로 스며들도록 하여야 한다. 그 후 비닐이나 신문 같은 것으로 위를 덮어 충분히 습도를 유지하도록 하고 약 10~15일이 지나면 덮은 것을 제거한다.

▲ 나나벌이난초_ 전초

02 나리난초

Liparis makinoana Schlech.

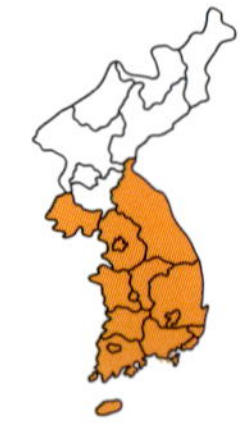

- 이　명 : 풍경벌레난초, 나리란
- 개화기 : 6~7월

생육 특성

나리난초는 제주도의 산간부와 전국 각처의 산지에서 자라는 다년생 초본이다. 생육환경은 주변습도가 높고 햇볕이 잘 들어오지 않는 반 그늘진 곳의 토양 유기질 함량이 높은 곳에서 자란다. 키는 15~25㎝이고, 잎은 긴 타원형으로 길이는 4~12㎝, 폭은 2.5~7㎝로서 끝이 둔하며 가장자리가 물결 모양으로 주름져 있으며, 전년도의 뿌리에서 옆으로 2~3개가 나온다. 줄기는 둥글고 녹색이며 묵은 비늘잎과 엽초에 싸여 있다. 뿌리는 둥근 인경으로 길이가 0.8~1.2㎝이며 마른 엽초로 싸여 있고 거의 지상에 나와 있다. 꽃은 검은 자갈색이고 지름은 3㎝ 내외로 줄기를 따라 올라가며 달린다. 얇은 막은 삼각형이고 길이가 약 0.2㎝로 흑자색이 돈다. 입술모양꽃부리는 달걀을 거꾸로 세운 모양으로 원형이고 길이는 1~1.5㎝, 폭은 1~1.3㎝로 끝이 둥글며 짧게 뾰족하다. 수술과 암술이 결합해서 생긴 기관은 길이가 0.3~0.5㎝로 위쪽 양편에 좁은 날개가 있다. 열매는 7~8월경에 타원형으로 달린다.

▲ 나리난초_ 잎

▲ 나리난초_ 꽃(정면)

▲ 나리난초_ 꽃(측면)

▲ 나리난초_ 시드는 모습

관리 및 번식법

| **관리법** | 난과 식물 가운데 꽃도 풍성하고 개화기간도 길어 가정에서 키우기에 매력적인 품종이다. 화분에 심어 관리하는 것이 좋은데, 이유는 가정에서 키우면 직사광선을 받지 않고 반그늘을 유지하기 때문이다. 화분에 심을 때는 물 빠짐을 좋게 하기 위해 큰 돌과 작은 돌을 적절히 배합하고 위에 유기질이 많은 흙을 놓고 심는다. 잎이 넓게 벌어져 관상가치가 있고 마치 새가 날아가는 듯한 모습과 꽃 뒤에 달리는 꼬리 모양의 꿀샘을 관찰하는 것도 좋은 교육 중의 하나다.

| **번식법** | 8월경에 받은 종자를 파종상에 뿌린다. 종자를 파종하는 방법은 상토를 놓고 위에 약하게 이끼와 수태를 놓은 후 종자를 뿌리고 구멍이 좁은 분무기로 입자가 곱게 물을 뿌려서 가라앉힌 후 신문이나 비닐로 덮고 습도를 유지하며 15일 정도 경과하면 제거하고 물 관리를 한다. 이렇게 작은 입자의 물을 뿌리는 이유는 종자가 미세하여 물 입자가 굵으면 종자가 묻혀 발아를 잘 하지 못하기 때문이다.

▲ 나리난초(녹화)_ 전초

03 옥잠난초

Liparis kumokiri F. Maek.

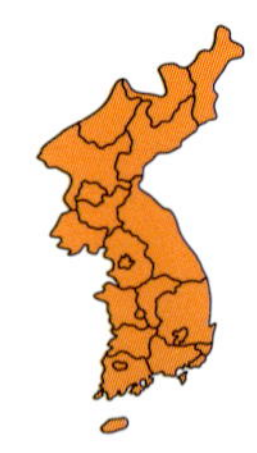

- 이　명 : 구름나리란
- 개화기 : 6~7월

생육 특성 옥잠난초는 우리나라 전역에 분포하는 다년생 초본이다. 생육환경은 물 빠짐이 좋은 곳의 토양 비옥도가 높은 반그늘 혹은 음지에서 자란다. 키는 20~30㎝이고, 잎은 2개가 전년도의 줄기 옆에서 나오며 길이는 5~12㎝, 폭은 2.5~5㎝로 긴 타원형이고 가장자리에 주름이 많이 있다. 줄기는 각지고 곧게 선다. 뿌리는 구경 지름이 1~1.5㎝ 정도이고, 지상부에 나와 있는 것을 헛알줄기라 부르며 마른 잎자루로 싸여 있다. 꽃은 자줏빛이 도는 연한 녹색으로 꽃자루는 높이 15~30㎝로 능선에 좁은 날개가 있고 5~15송이의 꽃이 달린다. 꽃받침은 길이가 약 0.6㎝로 좁은 타원형이고 끝이 둔하며 꽃잎은 중앙에 얕은 홈이 있고 길이는 꽃받침과 거의 유사하다. 입술모양꽃부리는 중앙 윗부분에서 뒤로 젖혀지고 뚜렷하게 드러난 부분은 길이가 약 0.5㎝로 끝이 약간 뾰족하다. 열매는 8~9월경에 익으며 길이는 1~1.5㎝ 정도이다.

▲ 옥잠난초_ 새순 올라오는 모습

▲ 옥잠난초_ 꽃봉오리

▲ 옥잠난초_ 꽃(정면에서 바라본 모습)

▲ 옥잠난초_ 꽃

▲ 옥잠난초_ 시드는 모습

▲ 옥잠난초_ 종자 결실

관리 및 번식법

| **관리법** | 집 안에서 키우기 좋은 품종이다. 잎이 넓어 물은 2~3일 간격으로 주고 꽃이 피는 6월경에는 4~5일 간격으로 준다.

▲ 옥잠난초_ 종자 완숙

| **번식법** | 해마다 옆에서 생기는 작은 알뿌리를 봄에 분리한다. 종자는 덜 익은 것은 인위적으로 배양해야 하고 완전히 익은 종자는 따서 이끼가 많은 곳에 뿌린다. 발아율은 매우 낮다.

▲ 옥잠난초_ 전초

04 큰꽃옥잠난초

Liparis koreojaponica Tsutsumi, T. Yukawa, N. S. Lee, C. S. Lee & M. Kato

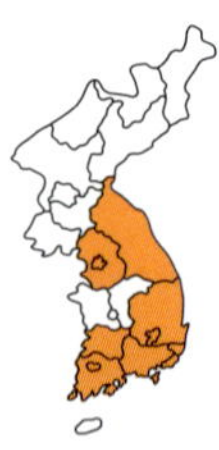

■ 개화기 : 6~7월

생육 특성 큰꽃옥잠난초는 경기도, 강원도, 경상도, 전라도의 고산에서 나는 다년생 초본이다. 생육환경은 바위나 썩은 나무의 이끼가 많은 곳에서 자란다. 잎은 길이 10~20㎝, 폭은 2~6㎝로 광택이 많이 나며 털은 없고 끝이 둔하거나 뾰족한 달걀 모양의 타원형이다. 줄기는 능선이 있으며 털이 없고 녹색이다. 뿌리는 달걀 모양으로 길이는 1~2㎝이다. 꽃은 긴 꽃대에 꽃자루가 있는 4~16개의 꽃이 어긋나게 붙어서 밑에서부터 피기 시작하고, 꽃줄기의 길이는 15~35㎝이다. 꽃은 길이가 약 0.1~0.5㎝로 녹색이며 아래에는 자줏빛이 난다. 꽃자루 길이는 1.3~1.7㎝이고 등꽃받침은 길이가 약 1㎝, 폭은 약 0.3㎝로 약간 뒤로 말리거나 선다. 곁꽃받침은 길이가 등꽃받침과 거의 같으며 비스듬하거나 뒤로 말리고 곁꽃잎은 길이 1~1.2㎝, 폭 약 0.1㎝로 자주색이고 입술꽃잎은 길이 0.9~1.1㎝, 폭이 약 0.7㎝ 정도로 자주색 또는 녹자색의 달걀 모양 타원형이다. 열매는 8~9월경에 달린다.

▲ 큰꽃옥잠난초_ 꽃

▲ 큰꽃옥잠난초_ 꽃 피기 전

14장

▲ 큰꽃옥잠난초_ 전초

05 키다리난초

Liparis japonica (Miq.) Maxim.

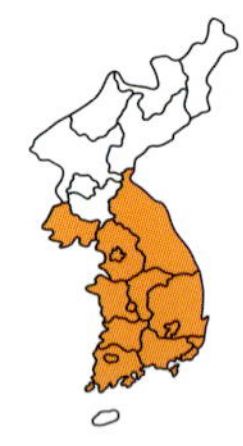

- 이 명 : 큰옥잠난초, 나리란
- 개화기 : 6~8월

생육 특성

키다리난초는 중부 이남의 산지에서 자라는 다년생 초본이다. 생육환경은 경사진 곳의 물 빠짐이 좋은 곳의 부엽질이 풍부하며 햇볕이 많이 들지 않는 곳에서 자란다. 키는 10~40㎝이고, 잎은 길이가 6~12㎝, 폭은 2.5~6㎝로 전년도의 헛알줄기 옆에서 2장이 나오며 잎의 기부가 줄기를 싸는 듯한 모양으로 발달되어 있다. 잎의 색은 연한 녹색이며 가운데 굵은 맥을 중심으로 좌우로 2~3개의 가는 맥이 있고 가장자리에는 주름이 있다. 줄기는 털이 없고 6개 정도의 작은 골 같은 것이 있어 우둘투둘한 형태이다. 뿌리는 길이가 0.6~1.2㎝로 지상에 나와 있으며 마른 잎몸을 지지하여 줄기에 접착하고 있는 잎 부분으로 덮여 있고 달걀처럼 생긴 구형이다. 꽃은 연한 녹색이나 자줏빛이 돌며 긴 꽃대 축에 꽃대가 있는 꽃이 착생하고 꽃대 높이는 10~40㎝로 능선과 좁은 날개가 있다. 꽃대나 꽃자루의 밑을 받치고 있는 비늘 모양의 잎은 길이가 약 0.1㎝로 달걀 모양의 삼각형이다. 꽃받침 조각은 길이는 약 0.9㎝ 정도이고 뾰족하며 끝이 둔하다. 꽃잎은 실 같고 꽃받침과 길이가 비슷하다. 입술모양꽃부리는 길이는 약 0.8㎝, 폭은 약 0.5㎝ 정도이며 달걀을 거꾸로 한 모양이고 끝만 약간 젖혀지고 위쪽에 끝이 둔한 작은 날개가 있다.

▲ 키다리난초_ 꽃

06 흑난초

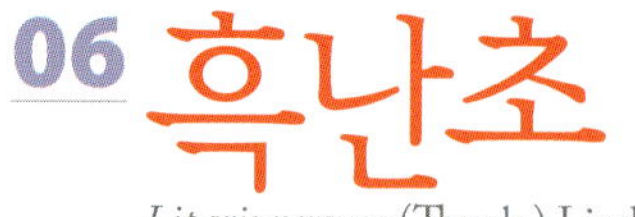

Liparis nervosa (Thunb.) Lindl.

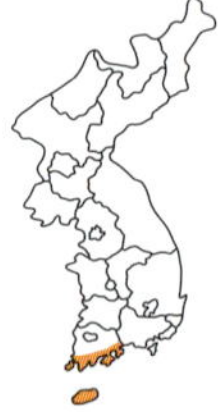

- 개화기 : 6~7월

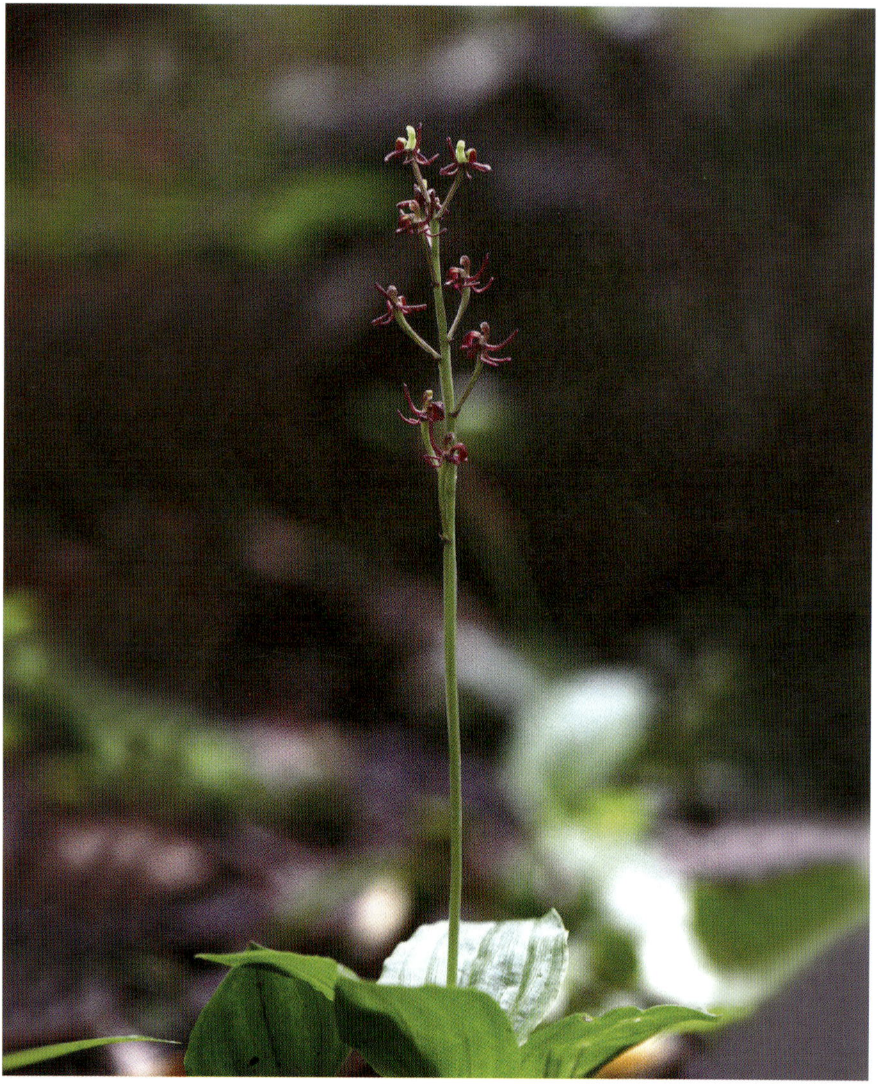

생육 특성

흑난초는 전라남도 신안과 제주도 한라산에 나는 다년생 초본이다. 생육환경은 습도가 높은 반그늘 혹은 음지의 토양 부엽질이 풍부한 곳에서 자란다. 키는 20~31㎝이고, 잎은 길이는 5~12㎝, 폭은 3~5.5㎝로 2~3장으로 달걀 모양의 타원형이고 끝이 뾰족하며 잎꼭지는 원줄기를 감싼다. 줄기는 옆으로 기는 알뿌리 몇 개가 옆으로 붙어 있으며, 몸집이 크고 두툼하며 다육질이다. 꽃은 지름이 약 1.2㎝로 6~7월경에 새로 나온 줄기의 끝과 잎 사이에서 5~6개의 꽃이 줄기에 아래에서부터 위로 올라가며 흑자색으로 달리고 찢어진 꽃받침은 길이 약 0.5㎝로 좁은 타원형이며, 입술꽃잎은 쐐기 모양의 난형이고 구부러진다. 열매는 9~10월경에 달린다.

우리나라에서는 멸종위기식물로 분류하여 보호하고 있다.

관리 및 번식법

| **관리법** | 알려진 재배법은 없다.

| **번식법** | 알려진 번식법은 없다. 자생지 환경을 보면 어느 정도

▲ 흑난초_ 새순 올라오는 모습

▲ 흑난초_ 잎

▲ 흑난초_ 꽃

▲ 흑난초_ 시드는 모습

▲ 흑난초_ 분구된 모습

▲ 흑난초_ 종자 결실

14장

번식이 가능할 것으로 생각되는데 이는 뿌리를 겨울에 잎이 나온 것을 이용하여 심는 방법이다. 종자 발아의 경우는 자생지에서도 많은 개체가 생겨나는 것으로 봐서는 난초류의 종자 발아 방법대로 상토에 이끼나 수태를 깔고 위에 종자를 뿌려서 분무기와 같은 것으로 고운 입자로 물을 주며 관리하는 것이 좋을 것으로 생각된다. 종자 발아율에 관해서도 알려진 내용은 전무하다.

▲ 흑난초_ 무리

Part 2
'속'에 따른 분류

1. 씨눈난초속

나도씨눈란 · 씨눈난초

씨눈난초속의 종류

씨눈난초속은 나도씨눈란과 씨눈난초 등 2종이 자생하고 있다. 두 품종의 꽃이 핀 모습을 얼핏 보면 난의 아름다움을 찾을 수 없을 정도로 기이한 모습을 하고 있다. 하지만 자세히 들여다보면 가녀린 줄기에서 작은 꽃들이 뭉쳐 그들의 역할을 하고 있는 것을 볼 수 있는데, 이를 보면 "세상에 아름답지 않은 꽃이 없다"는 말이 떠오를 만큼 아름답게 여겨진다.

살아가는 자생지의 조건은 두 품종이 조금 다른 것으로 생각된다.

1) 나도씨눈란 : 마른땅(주변에 습기가 많음)

2) 씨눈난초 : 습기가 많은 곳(작은 개울이 있으며 물줄기 근처에 많음)

위 내용은 일반 도감에 적혀 있는 내용과는 좀 다르지만 몇 군데 자생지를 확인한 결과를 토대로 한 것이다.

잎 구분

▲ 나도씨눈란

▲ 씨눈란

꽃 구분

1장

▲ 나도씨눈란

▲ 씨눈란

01 나도씨눈란

Herminium monorchis (L.) R. A. Br

- 이 명 : 진들난초
- 개화기 : 7~8월

생육 특성

나도씨눈란은 지리산, 계방산, 백두산과 강원도 일원에서 나는 다년생 초본이다. 생육환경은 반그늘이 진 곳의 경사지나 물 빠짐이 좋고 유기질 함량이 풍부한 곳에서 자란다. 키는 10~35㎝이고, 잎은 길이는 3~10㎝, 폭은 1~2.3㎝로 타원형이며 보통 밑부분에 2장이 달리고 잎자루가 칼집 모양으로 되어 줄기를 싸고 있다. 뿌리는 옆으로 뻗는 뿌리 끝에서 다시 구근이 생기며 구근과 뿌리가 있다. 꽃은 연한 녹색으로 길이가 5~15㎝로 하나의 긴 꽃대 둘레에 여러 개의 꽃이 이삭 모양으로 피며 한쪽으로 치우쳐 달리고, 꽃받침잎은 길이가 약 0.2㎝로 비스듬히 퍼진다. 꽃잎은 길이가 약 0.4㎝로 뾰족하며 끝이 둔하고, 입술모양 꽃잎은 3개로 갈라지고 꿀샘이 없다. 열매는 9~10월경에 길이 0.8~1㎝로 달린다.

이 품종은 멸종위기종으로 분류되어 있다.

2010년부터 야생화 동호회에서 자생지를 많이 발견하는 성과를 이루기도 했지만 이와는 반대로 상품화하기 위해 채취하는 것 또한 많이 목격되었다. 자생지에서의 생존율은 높은 편이나 가정에서의 생존율은 높지 못하기 때문에 채취

▲ 나도씨눈란_ 새순 올라오는 모습

하는 것은 금해야 한다.

몇몇 곳을 들러 자생지를 확인한 결과, 사람 발자국이 없는 곳은 여러 번 가도 자생지 형태를 유지하고 있었지만 많은 사람들이 다녀간 곳은 어김없이 군데군데 채집한 것을 볼 수 있었다. 이렇게 멸종위기종으로 분류된 품종은 학자들도 복원을 염두에 두지 않은 것이라면 관찰과 생태조사만 한 후 자생지는 그대로 보존하는 것이 원칙일 것 같다.

관리 및 번식법

| **관리법** | 화단에 심을 때는 웅덩이나 계곡과 같이 물이 흐르는 주변의 반 그늘진 곳이나 햇볕이 잘 들어오는 곳에 심는다. 화분은 돌이나 나무에 흙을 넣고 바람이 잘 통하는 곳에 두고 관리하며 분무기와 같이 구멍이 좁은 도구를 이용해 2~3일 간격으로 물을 준다.

| **번식법** | 자생지에서의 종자 발아율은 중간 정도로 잡을 수 있고 다른 종류의 자생 난보다는 높은 것으로 보였다. 아직 정확히 알려진 번식법은 없다.

▲ 나도씨눈란_ 꽃봉오리

▲ 나도씨눈란_ 꽃

▲ 나도씨눈란_ 전초(작은 사진은 꽃_ 확대)

1장

02 씨눈난초

Herminium lanceum var. *longicrure* (C.Wrigt) Hara

- 이 명 : 구슬난초, 혹뿌리난초, 씨눈란
- 개화기 : 6~8월

생육 특성

씨눈난초는 경남, 지리산, 제주의 산지에서 나는 다년생 초본이다. 생육환경은 습기가 많은 곳의 배수가 잘 되고 부엽질이 풍부하며 햇볕이 잘 들어오는 곳에서 자란다. 키는 20~50㎝이고, 잎은 길이 8~20㎝, 폭 0.5~1㎝로 넓은 선형이고 끝이 뾰족하며 밑부분은 가늘어지며 줄기를 둘러싼다. 줄기는 잎싸개가 2개 있고 곧게 서며, 뿌리는 땅속에 2개의 타원형으로 된 구근이 있다. 꽃은 연한 녹색으로 길고 가느다란 길이 5~15㎝의 꽃차례축에 작은꽃자루가 없는 꽃이 조밀하게 길이 0.5~1.2㎝, 폭 약 0.2㎝로 활짝 피지 않은 채 달린다. 꽃받침조각은 길이가 약 0.2㎝이고 긴 타원형으로 끝이 둔하며 입술모양꽃부리는 길이가 약 0.7㎝로 밑으로 처지며 중앙까지 3개로 깊게 갈라지고, 아래로 돌출된 부위는 없다. 열매는 10~11월경에 길이 0.5~1㎝, 폭 약 0.2㎝의 타원형으로 달린다.

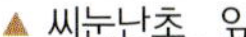

▲ 씨눈난초_ 잎

▲ 씨눈난초_ 꽃

2. 백운란속

백운란

백운란속의 종류

백운란속에 속하는 품종은 세계적으로 약 5종이 알려져 있으며 국내에 자생하는 종은 백운란 1종이다.

전라남도 백운산에서 고(故) 박만규 박사(식물분류학자)에 의해 처음 발견된 품종이어서 그 곳의 지명을 따서 국명이 정해진 품종이다. 1935년에 마에카와(Maekawa)에 의해 지금의 학명이 지어졌다.

음침하고 습도가 높은 곳에서 자라며 키가 작아 쉽게 찾을 수 없는 품종 중 하나이다. 제주도에서 주로 자생하며, 최초 발견지인 백운산에서는 자생하고 있다는 보고가 아직 없는 상태이다.

잎 구분

▲ 백운란

꽃 구분

▲ 백운란

01 백운란

Vexillabium yakushimensis (Yamam.) F. Maek.

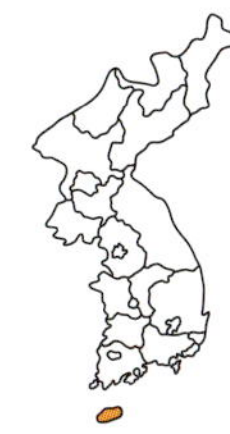

- 이 명 : 운난초, 백운산난초, 백운란초
- 개화기 : 8월

2장

생육 특성

백운란은 백운산과 백양산, 제주도, 울릉도 등지에서 나는 다년생 초본이다. 생육환경은 주변습도가 매우 높고 토양 부엽질이 두터우며 햇볕이 잘 들지 않는 반그늘 혹은 음지에서 자란다. 키는 5~12㎝이고, 잎은 길이는 0.3~0.7㎝, 폭은 0.2~0.5㎝로 달걀 모양의 원형으로 표면은 짙은 녹색이고 끝은 뾰족하고 가장자리는 밋밋하며 잎자루는 길이가 0.3~0.6㎝로 원줄기를 감싸고 있다. 뿌리는 옆으로 뻗으며 마디에서 뿌리가 내린다. 꽃은 길이 1~3㎝이고 꽃줄기는 5~12㎝로 윗부분에 털이 있으며 흰색으로 달린다. 꽃받침통은 중앙에서 갈라지고 찢어진 꽃잎에는 희미한 점과 잔털이 있으며 중앙에 있는 찢어진 꽃잎에 꽃잎이 붙는다. 입술모양꽃부리는 길이와 폭이 각각 약 0.5㎝로 끝이 다소 파지고 밑으로 갈수록 좁아지며 양쪽에 좁은 날개가 있고 꽃받침이나 꽃잎 밑부분에 자루 모양의 돌기가 있다. 열매는 10월경에 달린다.

우리나라에서는 멸종위기식물로 분류하여 관리하고 있다.

▲ 백운란_ 잎

▲ 백운란_ 줄기

▲ 백운란_ 꽃봉오리 맺혀 올라오는 모습

▲ 백운란_ 꽃봉오리

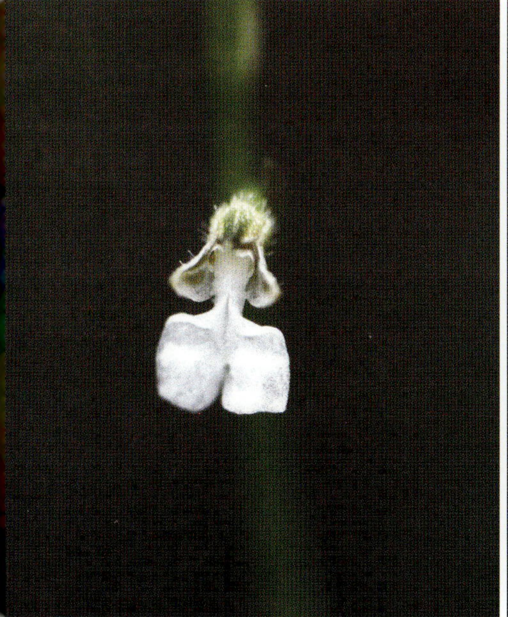

▲ 백운란_ 꽃(정면)

▲ 백운란_ 꽃(측면)

2011년에는 경북과 충남에서 몇 군데의 자생지가 더 발견되었다는 보도가 나왔다. 그러나 마냥 기뻐할 수만은 없는 게 현실이다. 어떻게 알았는지 경북의 자생지는 아직 그대로 남아 있지만 충남의 자생지는 이미 훼손되었다고 한다.

관리 및 번식법

알려진 재배법이나 번식법이 없다.

▲ 백운란_ 전초

3. 보춘화속

보춘화

보춘화

일반인에게 가장 익숙한 이름은 춘란이다. 사군자(매 · 난 · 국 · 죽)에 속해 예부터 동양화의 소재로 많이 사용되었던 종이기도 하다.

난초가 소나무나 매화, 국화, 대나무와 같이 군자로 존칭되는 것은 속기를 떠난 산골짜기에서 고요히 남몰래 유향을 풍기고 있는 그 고귀한 모습에서 유래하는 것이지만 난초를 지극히 사랑하는 사람의 입장에서 말한다면 솔과 대와 매화는 군자라 할지라도 완벽하지 못하지만 난초는 완벽하여 군자 중의 군자라고 말할 수 있는 것이다. 왜냐하면 솔은 향기가 적고 대나무는 꽃이 없으며 매화는 꽃이 필 무렵 잎을 볼 수 없지만 동시에 꽃과 잎, 그리고 향기를 모두 갖추고 있는 것은 난초뿐이기 때문이다.

1. 향과 관련한 이명(異名)

난은 다른 이명으로 많이 불리는 품종으로, 주로 향기와 관련이 있는 것들이 대부분이다.

1) 난을 향초(香草)라 한다 : 『설문해자(說文解字)』

2) 수향(水香) · 연미향(燕尾香) · 향수란(香水蘭) : 『본초경(本草經)』

그 외에도 국향(國香) · 향조(香祖) · 제일향(第一香) · 왕자향(王者香) 등의 이명도 있다.

이처럼 난초는 예로부터 방향(芳香)이 있는 꽃이나 식물의 표상이 되어왔을 정도이다.

2. 우정을 나타내는 꽃

1) 금란보(金蘭譜, 金蘭薄) : 중국 사람들이 아주 친한 친구와 의형제를 맺을 경우에 사용하는 조그마한 책자(홍색 표지에 '금란보'라는 문자와 난초 그림이 그려져 있는 것이 보통).

이 책자에 의형제를 맺은 사람들은 자기의 생년월일이나 출신지 · 계도(系圖) 등을 기입하고, "비록 대해(大海)의 물이 마를지라도 우리 두 사람의 우정은 영원히 변치 않는다"고 맹세하고 책을 서로 교환하는 것이다.

2)『역경(易經)』: 동심지언 기취여란(同心之言 其臭如蘭)

금란(金蘭)이라고 하는 말은 "두 사람이 마음을 같이하면 그 이로움은 금(금속)도 끊는다. 마음이 같은 사람의 말은 그 향기가 난초와 같다"라고 한 데서 유래한다.

3) 금란지교(金蘭之交) : 죽림칠현(竹林七賢)의 한 사람으로 유명한 산도(山濤)는 친구인 혜강(嵇康) · 원적(阮籍)과 한 번 만난 것만으로 금란지교(金蘭之交)를 맺었다고 한다.

4) 금란부(金蘭簿) : 당대(唐代)의 수필에, 대굉정(戴宏正)이란 사람은 친구를 한 사람 얻을 때마다 기록해서 조상의 영전에 고하고 이를 금란부(金蘭簿)라고 이름 지었다고 한다.

5) 꽃말 : "평생 변하지 않은 굳은 교제"

난우(蘭友) · 난형(蘭兄) · 난객(蘭客) · 난교(蘭交) · 난계(蘭契) · 난언(蘭言) 또는 금란(金蘭) · 금란지교(金蘭之交) · 금란호(金蘭好)라고 하면 어느 것이나 모두 "깊은 우정", "군자의 교제"를 의미한다.

이렇게 난초는 우리 주변에서 항상 다양한 의미와 표현으로 사용되어왔을 만큼 가까이 있었고, 사람들은 그 아름다움에 매료되어왔다.

국내에 자생하는 보춘화는 주로 해안가를 중심으로 자생하고 있는데 소위 변종이라는 품종들은 대부분

서해안에서 발견되며 그 종도 매우 다양하다. 이름은 중투, 호피, 녹사피, 소심 등 잎과 꽃의 형태를 보고 이름 붙여진 것들이 대부분이다.

난초는 향이 은은하며 그 향을 멀리 보내지 않고 숲 속에서는 다른 향과 같이 어우러지게 살아가는 품종이어서, 난을 닮았다고 하면 그 속에는 "있는 듯 없는 듯하면서 자신의 일을 묵묵히 하는 사람"이란 뜻이 함축되어 있다.

잎 구분

▲ 보춘화

꽃 구분

▲ 보춘화

01 보춘화

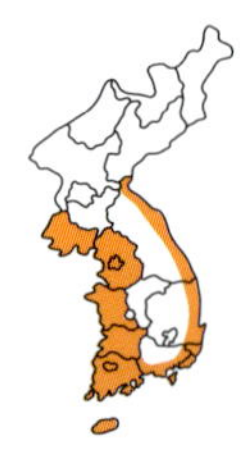

Cymbidium goeringii (Rchb.f.) Rchb.f

- 이 명 : 춘란, 보춘란
- 개화기 : 3~4월

생육 특성

보춘화는 남부와 중남부 해안의 삼림 내에서 자라는 다년생 초본이다. 생육환경은 자생하는 소나무가 많은 곳에서 집단적으로 자라며 최근에는 내륙에서도 많은 자생지가 관찰된다. 꽃대의 길이는 10~25㎝, 잎 길이는 20~50㎝ 정도이고, 잎은 진녹색이 나고 끝이 뾰족하고 가장자리에 미세한 톱니가 있으며 가죽처럼 질기고 길이는 20~50㎝, 폭은 0.6~1㎝로 뿌리에서 나온다. 꽃은 흰색 바탕에 짙은 홍자색 반점이 있으며 줄기 끝에 1개의 꽃이 달리고 안쪽은 울퉁불퉁하고 중앙에 홈이 있으며 끝이 3개로 갈라진다. 꽃의 길이는 3~3.5㎝가량 되고 연한 황록색이다. 꽃은 뿌리 하나에 꽃이 하나씩 달리는 1경 1화이다. 열매는 6~7월경에 길이 약 5㎝ 정도로 달리고 안에는 먼지와 같은 종자가 무수히 많이 들어 있다.

보춘화는 생육환경 및 조건에 따라 잎과 꽃의 변이가 많이 일어나는 품종이다.

▲ 보춘화_ 잎

▲ 보춘화_ 꽃

관리및
번식법

| **관리법** | 물 빠짐을 좋게 한 후 심는다. 일반적으로 집에서 키우는 난은 꽃이 잘 피지 않는다고들 한다. 이는 식물이 너무 잘 자라는 환경을 만들어주기 때문이다. 난과 식물들은 여름에 물을 많이 주지 않아도 뿌리에 물을 저장해 이를 천천히 소비한다. 따라서 여름에 물을 많이 주지 않고 환경을 다소 힘들게 만들어주면 이듬해에 좋은 꽃을 피운다.

| **번식법** | 뿌리나누기를 한다. 이른 봄이나 가을에 옆에 붙어 있는 벌브를 분리하여 번식시키는 방법이다. 종자는 잘 맺히지만 일반인들이 종자 발아를 시키는 것은 매우 어렵다.

▲ 보춘화_ 무리

4. 비비추난초속

비비추난초

비비추난초속의 종류

비비추난초속은 세계적으로 4종이 알려져 있으며 국내에는 1종이 자생한다.

잎 구분

▲ 비비추난초

꽃 구분

▲ 비비추난초

4장

01 비비추난초

Tipularia japonica Matsum.

- 이　명 : 비비취난초, 외대난초, 실난초, 비비추란
- 개화기 : 5~6월

생육 특성

비비추난초는 충청남도 태안군, 전라남도 해남군 및 제주도 일대에서 나는 다년생 초본이다. 생육환경은 반그늘이 진 곳이나 숲이 우거져 햇볕의 양이 적게 들어오는 곳의 유기질 함량이 높고 부엽질이 많으며 상대습도가 높은 곳에서 자란다. 키는 20~35㎝이고, 잎은 길이가 3.5~7㎝, 폭은 1.5~3.5㎝로 좁은 달걀 모양으로 끝이 점점 뾰족해진다. 잎몸의 길이는 3~7㎝이고 잎몸 길이와 비슷한 잎자루가 있다. 줄기는 둥글고 굵어진 헛알줄기에서 한 개의 잎과 꽃대가 나온다. 꽃은 꽃대 길이가 20~25㎝로 긴 꽃대에 꽃자루가 있는 여러 개의 꽃이 어긋나게 붙어서 밑에서부터 5~15개 정도가 황록색으로 피기 시작하여 끝까지 피며, 밑부분에는 칼집 모양으로 생긴 2~3개의 잎이 있고 얇은 막은 흔적만 있다. 꽃받침조각과 꽃잎은 길이가 약 0.4㎝ 정도이고 끝에서 밑부분을 향해 좁아지는 모양이며 끝이 둔하고, 입술모양꽃부리는 길이가 약 0.3㎝이고 뒤쪽에는 길이 약 0.5㎝ 정도로 꽃잎 밑부분에 자루 모양의 것이 달려 있다. 열매는 7~8월경에 달리며 안에는 작고 미세한 종자들이 많이 들어 있다.

▲ 비비추난초_ 잎

▲ 비비추난초_ 꽃

▲ 비비추난초_ 종자 결실

잎이 비비추의 잎과 유사하다고 하여 비비추난초라고 한다.

이 품종은 환경부에서 멸종위기종으로 분류하여 보호하고 있으며 자생지가 많이 알려져 지금이라도 인위적인 울타리를 쳐서 사람들의 출입을 막는 것이 시급하다.

▲ 비비추난초_ 무리

4장

5. 손바닥난초속

손바닥난초 · 손바닥난초(흰색)

손바닥난초속의 종류

국내에는 손바닥난초속에 속하는 품종으로 주름제비란(제비란 품종에서 소개)과 손바닥난초가 자생하고 있다.

이들 품종은 색이 붉은색과 흰색으로 나타나며 유난히 향이 강한 품종이다.

모두 고산지역에서 자생하므로 매개체의 유인이 쉽지 않아 더 향을 강하게 내며, 밤에는 나방이 흰색의 꽃들을 찾기 때문에 살아남기 위한 전략의 하나로 흰색도 같이 자생하는 것을 볼 수 있다.

잎 구분

▲ 손바닥난초

5장

꽃 구분

▲ 손바닥난초

▲ 손바닥난초(흰색)

01 손바닥난초/손바닥난초(흰색)

Gymnadenia conopsea R. Br.

- 이 명 : 손뿌리난초, 뿌리난초, 손바닥난
- 개화기 : 7~8월

생육 특성

손바닥난초는 한라산과 백두산에서 나는 다년생 초본이다. 생육환경은 고산지역의 습기가 많고 반그늘이 진 곳이나 빛이 잘 들어오는 곳의 부엽질이 풍부하며 공중습도가 높거나 주변습도가 높은 경사지에서 살아간다. 키는 30~60㎝이고, 잎은 길이가 6~20㎝, 폭은 1~4㎝로 넓은 부채의 형상을 하고 있고 끝이 뾰족하다. 줄기는 털이 없으며 곁가지를 치지 않고 곧추선다. 뿌리는 일부분이 굵어져서 마치 손바닥과 같은 모양을 보인다. 꽃은 연한 홍자색으로 줄기를 따라 올라가며 빽빽하게 달리며 둘러싸고 있는 막은 꽃과 길이가 같으며 끝이 길고 뾰족하다. 입술모양꽃부리는 길이가 약 0.7㎝ 정도이고 아래로 떨어지는 꿀샘은 길이가 약 1.5㎝로 가늘다. 꽃받침은 길이 약 0.5㎝ 정도로 끝이 둔하며 달걀 모양으로 2~3개의 맥이 있

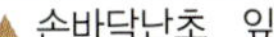

▲ 손바닥난초_ 잎

▲ 손바닥난초_ 꽃

고, 꽃잎은 끝이 둔하고 꽃받침보다 짧으며 일그러진 달걀 모양이다. 열매는 9월경에 길이 약 1㎝의 타원형으로 달린다.

우리나라에서는 한라산과 백두산의 고원에서만 자라는 품종으로 멸종위기종으로 분류하여 관리하고 있으며 이처럼 우리의 소중한 자원이지만 특히 제주도 한라산에 있는 개체들은 많은 부분이 훼손되어 점점 자생지가 줄어드는 형편이다.

▲ 손바닥난초(흰색)_ 꽃

▲ 손바닥난초_ 뿌리

5장

▲ 손바닥난초_ 무리

6. 쌍잎난초속(새둥지란속)

쌍잎난초

쌍잎난초속의 종류

쌍잎난초속에 속하는 품종은 쌍잎난초와 털쌍잎난초 등 2종이 국내에 자생한다. 국가표준식물목록에 사용되고 있는 "*Listera pinetorum* Lindl."는 1857년에 명명되었고 1995년에 "*Neottia pinetorum* (Lindl.) Szlach."로 바꿔 사용하고 있다.

잎 구분

▲ 쌍잎난초

꽃 구분

▲ 쌍잎난초

01 쌍잎난초

Neottia pinetorum (Lindl.)

- 이 명 : 두잎난초, 두잎란
- 개화기 : 8~9월

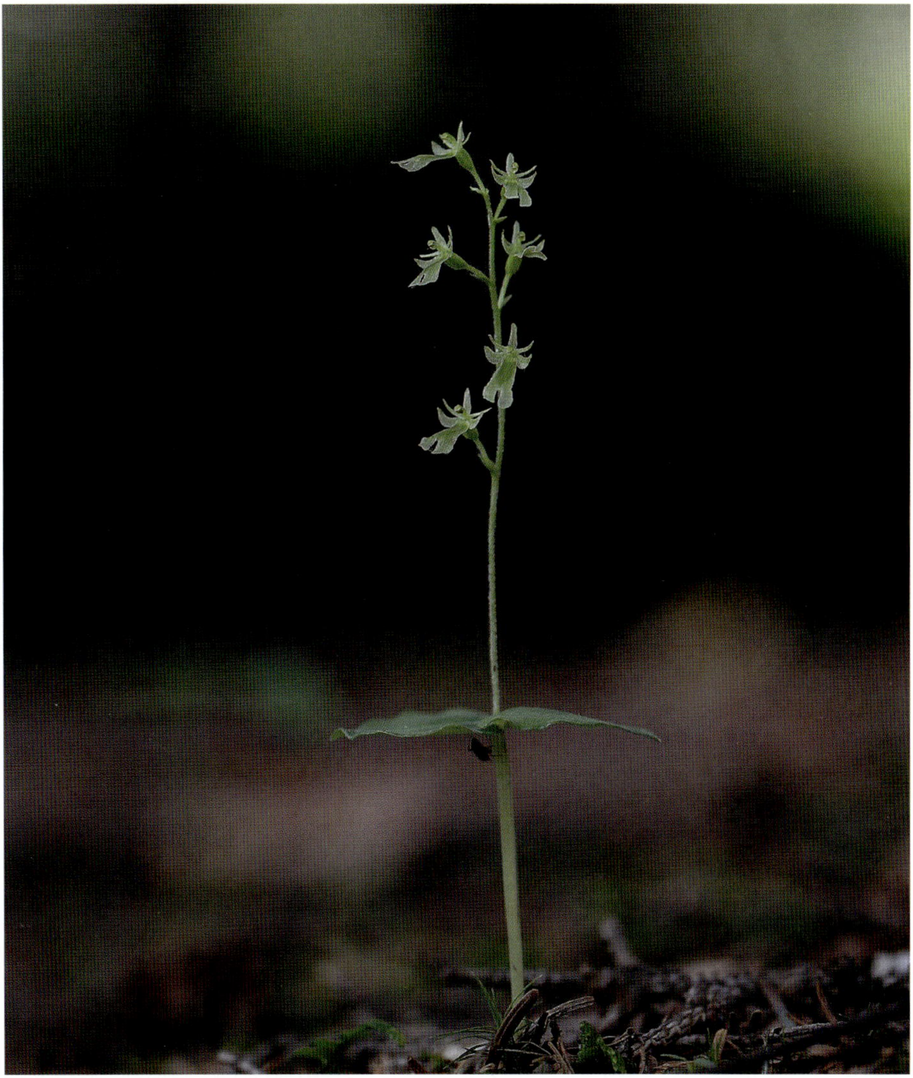

생육 특성

▲ 쌍잎난초_ 꽃

쌍잎난초는 백두산 지역에서 나는 다년생 초본이다. 생육환경은 침엽수림 아래의 습기가 많고 반 그늘진 곳의 부엽질이 풍부하고 공중습도가 높은 곳에서 자란다. 키는 12~20㎝이고, 잎은 길이는 1.5~3㎝, 폭은 2~3㎝로 중앙부에서 2개가 마주나고 3개의 맥이 있으며 콩팥 모양이다. 줄기는 곧게 서고 각이 져 있으며 윗부분에 털이 있다. 꽃은 원줄기 끝에 연한 녹갈색으로 긴 꽃대에 꽃자루가 있는 여러 개의 꽃이 어긋나게 붙어서 밑에서부터 5~10개 정도가 달리고, 연한 막은 길이는 약 0.2㎝ 정도이며 타원형이고 끝이 둔하다. 입술모양꽃부리는 길이가 약 0.8㎝ 정도로 2개로 깊게 갈라지고, 찢어진 낱낱의 조각들은 가장자리에 털이 있으며 긴 타원형으로 끝이 둥글다. 열매는 10월경에 달리고 씨방의 길이는 약 0.5㎝ 정도이다.

▲ 쌍잎난초_ 콩팥 모양의 잎

7. 약난초속

약난초

약난초속의 종류

약난초속은 약난초와 두잎약난초 등 2종이 국내에 자생한다. 속명 *Cremastra*는 그리스어의 kremannymi(아래로 향한다)와 astron(별)의 합성어로 꽃이 아래로 향해 피어서 붙여진 이름이다.

7장

잎 구분

▲ 약난초

꽃 구분

▲ 약난초

01 약난초

Cremastra variabils (Blume) Nakai ex Shibata

- 이 명 : 약란, 정화난초
- 개화기 : 4~6월

생육 특성

약난초는 우리나라 내장산 이남의 해안 및 도서지방에서 나는 다년생 초본이다. 생육환경은 주변에 계곡이 있어 상대습도가 높고 부엽질이 풍부하며 물 빠짐이 좋은 경사지의 반 그늘진 곳에서 자란다. 키는 약 40㎝ 정도이고, 잎은 길이가 25~40㎝, 폭은 4~5㎝로 긴 타원형이고 비늘줄기 끝에서 1~2개가 나오며 끝은 뾰족하고 겨울이 지나면 마르고 3맥이 있다. 줄기는 가짜비늘줄기에서 발달하고 위로 곧추선다. 가짜뿌리줄기는 높이가 약 3㎝ 정도이고 달걀 모양의 원형으로 땅속으로 얕게 들어가고 옆으로 염주같이 연결된다. 꽃은 연한 자줏빛이 도는 갈색으로 15~20개의 꽃이 한쪽으로 치우쳐 아래를 향해 달리며, 잎 옆에서 꽃줄기가 나와 달린다. 잎몸이 없는 칼집 모양으로 생긴 잎이 있고, 꽃차례는 길이가 10~20㎝이고, 연한 막은 부채꼴 모양으로 길이는 0.7~1㎝이다. 꽃덮개의 찢어진 조각은 길이가 3~3.5㎝, 폭은 약 0.5㎝로 끝에서 밑부분을 향해 좁아지는 모양이고 입술모양 꽃부리는 윗부분이 3개로 갈라진다. 열매는 대가 없으며 8~9월경에 길이 2~2.5㎝로 밑을 향해 달린다.

▲ 약난초_ 꽃(정면)

▲ 약난초_ 꽃(측면)

▲ 약난초_ 종자 결실

▲ 약난초_ 무리

8. 이삭단엽란속

이삭단엽란

이삭단엽란속의 종류

이삭단엽란이란 이름은 줄기를 따라 올라가며 달리는 꽃의 모습이 이삭을 닮아 붙여졌다.

이 품종은 잎이 한 장이 대부분이지만 자생지 부근에는 두 장을 가진 것도 종종 보인다. 그래서 이명에 두잎난초라는 말이 들어간 것이다.

속명인 Microstylis는 작은(micro) 바늘(stylis)이란 의미이다.

잎 구분

▲ 이삭단엽란_ 잎 한 장

▲ 이삭단엽란_ 잎 두 장

꽃 구분

▲ 이삭단엽란

01 이삭단엽란

Microstylis monophyllos (L.) Lindl.

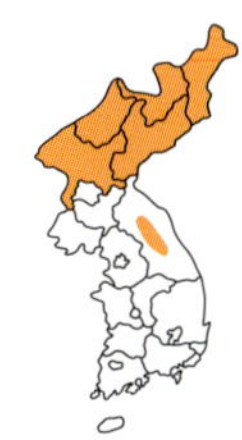

- 이　명 : 홀잎난초, 이삭두잎난, 큰이삭란, 쌍잎난초, 이삭쌍엽난, 이삭홀잎란, 이삭쌍잎란
- 개화기 : 7~8월

생육 특성

이삭단엽란은 태백산, 금강산 이북 숲에서 나는 다년생 초본이다. 생육환경은 물 빠짐이 좋고 부엽질이 풍부하며 습도가 높은 반그늘 혹은 양지의 경사지에 자란다. 키는 20~30㎝이고, 잎은 길이는 4~8㎝, 폭은 2~5㎝로 타원형이고 1~2장이 나오며 밝은 녹색이다. 줄기는 마른 잎으로 싸여 있다. 꽃은 꽃줄기의 길이가 10~17㎝, 지름은 약 0.3㎝로 연한 황록색의 작은 꽃들이 달리고, 꽃받침잎은 길이 약 0.3㎝ 정도이고 부채꼴로 퍼져 젖혀지고 아래 잎은 꽃받침과 길이가 같으며 밑부분은 타원형이다. 열매는 9~10월경에 달걀이 거꾸로 서 있는 모양으로 달리며 길이는 약 0.5㎝이다.

우리나라에서는 멸종위기식물로 분류하여 관리하고 있다.

멀리서 보면 마치 질경이의 잎을 닮은 듯하여 구분하기가 쉽지 않은 종이다. 하지만 가까이에서 관찰하면 꽃 모양이 너무 작고 다른 난과 식물들과는 달리 보잘것없다는 데 놀란다. 하지만 생김새는 아름답기 그지없는 품종이다.

▲ 이삭단엽란_ 새순 올라오는 모습

▲ 이삭단엽란_ 잎 전개된 모습

▲ 이삭단엽란_ 잎 한 장

▲ 이삭단엽란_ 잎 두 장

▲ 이삭단엽란_ 꽃

▲ 이삭단엽란_ 시드는 모습

이 품종을 마구 채취하여 지금은 자생지가 거의 훼손되고 없는 실정이다. 보잘것없어 보이는 품종인데 왜 그렇게 채취를 하나 했더니 희귀성 때문에 많은 돈을 받을 수 있기 때문이라고 한다. 그래서인지 이와 유사한 품종들까지 모조리 자생지가 훼손당하고 있다. 자생지의 조건과 토양의 특성을 감안한다면 일반인들이 키우는 것은 쉽지 않은 일이다.

관리 및 번식법

| **관리법** | 고산지역에서 자라는 식물이어서 재배하기는 힘든 품종이다. 강원도에서의 재배는 바람이 잘 통하고 부엽질이 많은 높은 곳에 두고 관리해야 한다. 근래에 이 품종을 화분에 올려 판매하는 곳이 있는데, 이는 대부분이 자생지에서 채집하여 이루어진 것으로 보이므로 절대로 구입해서는 안 된다.

| 번식법 | 자생지에서는 작은 잎들이 상당히 많이 있는 것을 관찰할 수 있었는데 이는 종자가 발아하여 나온 것으로 자연 상태에서의 발아율은 타 난초류보다는 높은 것을 확인할 수 있었다. 하지만 아직까지 정확한 번식법은 알려져 있지 않다.

▲ 이삭단엽란_ 무리

8장

9. 타래난초속

타래난초 · 흰타래난초

타래난초속의 종류

이 품종은 꽃의 형태적인 모습이 마치 줄을 타고 가며 꼬인 모양으로 위로 올라가며 핀다고 하여 "타래"라는 이름이 붙었다.

전국 어디서나 볼 수 있을 정도로 흔한 품종이다. 이 품종은 한라산에서는 입술꽃잎까지 붉은색으로 달리는 것들이 발견되고 있다. 아직까지 이 품종은 다른 국명이 지어져 있지는 않다.

흰색의 경우는 흰타래난초라 하여 국명이 있다. 흰색의 경우도 종종 순백이 아닌 붉은색이 섞여 있는 것이 발견되기도 하며, 우리나라에서 볼 수 있는 타래난초의 꽃 색은 현재까지 5종류를 확인하였다.

잎 구분

▲ 타래난초

꽃 구분

▲ 타래난초_ 분홍색

▲ 타래난초_ 진한 분홍색

▲ 타래난초_ 흰색

9장

▲ 타래난초_ 붉은색

▲ 타래난초_ 흰색에 붉은 기운이 남아 있음

01 타래난초/흰타래난초

Spiranthes sinensis (Pers.) Ames

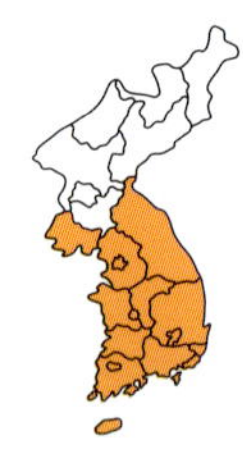

- 이 명 : 타래란
- 개화기 : 6~8월

생육 특성

타래난초는 전국 각처의 산과 들에서 자라는 다년생 초본이다. 생육환경은 물 빠짐이 좋고 황토와 마사토가 많은 토양의 양지에서 자란다. 키는 20~40㎝이고, 잎은 길이가 5~20㎝, 폭은 0.3~1㎝로 뾰족하다. 줄기는 곧게 서고 1~3개의 뾰족한 비늘잎이 있다. 뿌리는 4~5개의 원기둥 끝의 양끝이 뾰족한 모양으로 물이 많은 다육성이고 다소 굵으며 큰 흰색의 수염뿌리가 있다. 꽃은 분홍색이며 작은 꽃이 나사 모양으로 꼬여 줄기에 옆을 바라보며 달린다. 꽃차례는 길이가 5~10㎝, 지름은 0.7~1.2㎝이며 짧은 털이 있다. 얇은 막은 길이가 0.4~0.8㎝, 폭은 약 0.2㎝ 정도로 끝이 뾰족하며 꽃받침조각은 길이가 약 0.5㎝로 좁고 뾰족하다. 윗꽃받침과 옆꽃받침 조각은 길이가 약 0.6㎝로 부채꼴 모양의 피침형이고 끝이 둔하다. 입술모양꽃부리는 길이가 0.5~0.8㎝로 색이 연하고 거꾸로 선 달걀 모양으로 끝부분이 약간 뒤집어지고 가장자리에는 잔톱니가 있다. 열매는 타원형이며 8~9월에 달리고 잔털이 있으며 길이는 약 0.6㎝ 정도이다.

▲ 타래난초_ 새순 올라오는 모습

▲ 타래난초_ 꽃봉오리 올라오는 모습

▲ 타래난초_ 개화 전

▲ 타래난초_ 꽃

▲ 타래난초_ 분홍색

▲ 타래난초_ 진한 분홍색

▲ 타래난초_ 붉은색

▲ 타래난초_ 흰색

9장

▲ 타래난초_ 흰색에 붉은 기운이 남아 있음

▲ 타래난초_ 종자 결실

▲ 한라타래난초(가칭)_ 전초

▲ 타래난초(흰색)_ 전초

10. 풍선난초속

애기풍선난초

풍선난초속의 종류

풍선난초 속명의 칼립소(Calypso)는 희랍신화의 숲 속의 요정 이름으로, 어두운 숲에 예쁘게 핀다고 하는데서 유래하였다.

이 품종은 방패 모양의 판이 풍선처럼 부풀어 올라와 있는 모양에서 정태현 외 2인(1949년)에 의해 국명이 지어진 것이다.

우리나라에는 백두산에 많이 자생하고 있는 것으로 알려져 있다.

10장

잎 구분

▲ 애기풍선난초

꽃 구분

▲ 애기풍선난초

01 애기풍선난초

Calypso bulbosa sp. (L.) Oakes

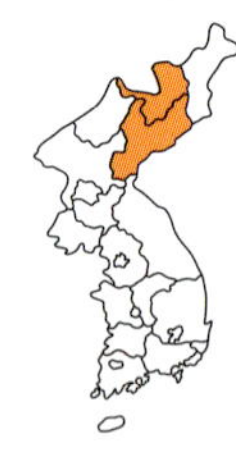

- 이　명 : 주걱난초, 애기숙갈난초, 풍선란
- 개화기 : 5~6월

생육 특성 애기풍선난초는 백두산과 함경남도 갑산 지역에서 나는 다년생 초본이다. 생육환경은 이끼가 많고 주변습도가 매우 높으며 서늘한 곳에서 자란다. 키는 6~15㎝이고, 잎은 길이가 2.5~5㎝, 폭은 1.5~3㎝로 달걀형 또는 타원형이고 잎과 줄기를 연결하는 잎꼭지는 길이가 1.5~4㎝이고, 주름은 세로로 져 있으며 뒷면은 자줏빛이 돌고 끝이 뾰족하거나 둔하며 밑부분이 둥글다. 줄기는 연한 자주색이며 뿌리에 붙어 있다. 뿌리는 육질이며 타원형이고 끝에서 잎과 줄기가 각각 1개씩 나온다. 꽃은 원줄기 끝에 연한 홍색으로 1개가 달리고 칼집 모양으로 생긴 잎이 밑부분에 2개 있다. 줄기를 둘러싸고 있는 것은 잎몸이 길고 가늘며 거의 평행한 가장자리를 가진 단엽으로 넓고 길이는 1.2~2.5㎝이고 끝이 뾰족하다. 꽃받침잎과 꽃잎은 길이는 2~3㎝, 폭은 약 0.4㎝로 연한 홍색 바탕에 갈색이 돌며, 부채꼴 모양으로 뾰족한 형태이다. 아랫입술은 길이가 3~3.5㎝로 밑으로 처지며 흰색 바탕에 연한 갈색 무늬가 있고, 뒷면이 주머니처럼 부풀어서 앞을 향하며 끝의 일부가 길고 가늘게 뒤쪽으로 뻗어난 돌출부는 2개로 얕게 갈라진다. 꽃잎이 서로 붙어 있는 꽃부리는 튀어나오며 수술과 암술이 결합하여 생긴 기관은 길이가 약 0.1㎝, 폭은 약 1㎝로 타원형이며 편평하다. 열매는 7~8월경에 달린다.

세계에 1종이 존재한다.

▲ 애기풍선난초_ 잎

10장

▲ 애기풍선난초_ 꽃

▲ 애기풍선난초_ 무리

참고문헌

이경서 지음, 새로운 한국의 야생란, 신구문화사, 2011

이남숙 지음, 한국의 난과 식물도감, 이화여자대학교출판부, 2011

이영노 지음, 한국식물도감, 교학사, 2006

이우철 지음, 한국식물명고, 아카데미서적, 1996

이창복 지음, 대한식물도감, 향문사, 1980

정연옥 · 박노복 지음, 사계절야생화도감, 가람누리, 2014

정연옥 · 오장근 · 신영준 지음, 야생화 백과사전, 가람누리, 2012

정태현 · 도봉섭 · 심학진 지음, 조선식물명집, 조선생물학회, 1949

국가생물종지식정보, http://www.nature.go.kr

중국식물지, www.eflora.cn

Plants of TAIWAN, http://tai2.ntu.edu.tw

Internet Orchid Species Photo Encyclopedia, http://www.orchidspecies.com

The International Plant Names Index, http://www.us.ipni.org

Biodiversity Heritage Library, http://www.biodiversitylibrary.org

The Plant List, http://www.theplantlist.org

나도제비란 | 병아리난초 | 복주머니난초
털사철란 | 한라새우난초 | 흰제비란

나리난초 | 김의난초 | 자란
손바닥난초 | 으름난초 | 타래난초(흰색)